MIT DER AXT IM WALD

BUSHCRAFT – BÄUME FÄLLEN – LAGER BAUEN

Umschlaggestaltung: DSR Werbeagentur Rypka GmbH, A-8143 Dobl, www.rypka.at

Titel der englischen Originalausgabe: Paul Kirtley; Wilderness. Axe skills and campcraft. Tools: selection, care and techniques. Felling, limbing, and sectioning. Carving techniques. Woodland campcraft.

Aus dem Englischen ins Deutsche übertragen von Mag. Nina Schön.

Bibliografische Information der Deutschen Nationalbibliothek
Die Deutsche Nationalbibliothek verzeichnet diese Publikation in der Deutschen Nationalbibliografie; detaillierte bibliografische Daten sind im Internet unter http://dnb.d-nb.de abrufbar.

Hinweis: Dieses Buch wurde auf chlorfrei gebleichtem Papier gedruckt. Die zum Schutz vor Verschmutzung verwendete Einschweißfolie ist aus Polyethylen chlor- und schwefelfrei hergestellt. Diese umweltfreundliche Folie verhält sich grundwasserneutral, ist voll recyclingfähig und verbrennt in Müllverbrennungsanlagen völlig ungiftig.

Auf Wunsch senden wir Ihnen gerne kostenlos unser Verlagsverzeichnis zu:
Leopold Stocker Verlag GmbH
Hofgasse 5/Postfach 438
A-8011 Graz
Tel.: +43 (0)316/82 16 36
Fax: +43 (0)316/83 56 12
E-Mail: stocker-verlag@stocker-verlag.com
www.stocker-verlag.com

ISBN 978-3-7020-2112-2

MIT DER AXT IM WALD

BUSHCRAFT – BÄUME FÄLLEN – LAGER BAUEN

Leopold Stocker Verlag
Graz – Stuttgart

Für meine Eltern, Tom und Gina, die mir erlaubten, als Kind im Wald zu spielen und für meine Partnerin Amanda, die mich ermutigt, auch als Erwachsener immer noch im Wald zu spielen.

Inhalt

Einleitung

Das Holzhandwerk ist die erste aller Wissenschaften. Es war das Holzhandwerk, das den Menschen aus einer unzivilisierten Masse schuf und das Holzhandwerk in seiner höchsten Form kann ihn vor seinem Untergang bewahren.
(Ernest Thompson Seton)

Dinge aus Holz gestalten zu können, ist eine unserer ältesten Fähigkeiten. Holzgegenstände überleben nicht so häufig bis zur ihrer archäologischen Dokumentation wie Stein, Knochen oder Geweihteile, aber es liegt nahe, dass wir auch Holz geformt haben, als wir diese härteren Materialien bearbeitet haben. Speer- und Pfeilspitzen aus Feuerstein benötigten Schäfte. Grabestöcke, Wurfspeere und Stein- und Krummaxtstiele müssen natürlich aus Holz gefertigt worden sein.

Aufgrund archäologischer Hinweise gilt es als erwiesen, dass der Mensch seit Hunderttausenden Jahren in der Lage ist, Feuer zu entzünden und zu kontrollieren. Sogar das Wählen und Sammeln von Anzünd- und Brennholz zeigt ein tieferes Verständnis für die Materialien. Welche Arten brechen leicht, welche springen zurück, wenn sie gebogen sind, welche sind schwer, welche leicht, welche stecken voller Harz, welche verbrennen schnell und hell und welche liefern beständigere Hitze und sorgen für heiße Glut? In unseren Feuerstellen brennt seit jeher Holz und das wird auch weiterhin so bleiben.

Metall hat unsere Beziehung zu Holz verändert. Mit scharfen und widerstandsfähigen Klingen wurde verbessert und neu definiert, was möglich war und in einer vorgegebenen Zeit hergestellt werden konnte. Sowohl die Herstellungsdauer als auch die Qualität des Endproduktes werden im Allgemeinen erhöht, wenn man Metallwerkzeuge anstelle ihrer älteren Vorgänger einsetzt. Viele europäische Kulturen verfügen über althergebrachte und tief verwurzelte Holzverarbeitungstraditionen. Zahlreiche Werkzeuge, die wir verwenden, z. B. Messer, Axt und Beil, haben ihre Wurzeln in Steinwerkzeugen. Wie einst Metallwerkzeug an den Orten, an denen Metall entdeckt wurde, die Qualität und den Umfang von Holzarbeiten erhöhte, so veränderte die Verbreitung von hochwertigem Stahl durch Erforschung, Handel und Kolonialisierung die Landschaft der nativen Holzkunst indigener Völker, auf die man traf.

Dieses Buch entstand aus dem Lehrplan eines Kurses, den ich abhalte, der sich „The Woodcrafter" (Der Holzhandwerker) nennt.

Links: *Der Autor an einer Lagerstelle an einem See; Anwendung einfacher, aber effektiver Techniken zur Spaltung von Feuerholz.*

Ziel dieses Kurses ist es, eine solide Basis an Axttechniken in der Wildnis und einiges Wissen über das Lagerhandwerk zu vermitteln, das in verschiedensten Waldumgebungen hilfreich ist.

Die durchgenommenen Themen hängen zusammen, lassen sich aber auch durch meine Kurse ergänzen. Ähnlich wie diese verfolgt das Buch das Ziel, eine kohärente Wissens- und Technikbasis zu bilden, die sich sinnvoll in einem Werk präsentieren lässt. Es sei erwähnt, dass dies kein Buch über Grundlagen des Überlebenstrainings ist. Feuermachen, der Umgang mit Feuer, sicheres Zurücklassen von Feuerstellen, das Auffinden und Aufbereiten von Wasser und sein sicherer Gebrauch sind Kenntnisse, von deren Beherrschung ausgegangen wird. Gewissermaßen sollte die Mehrheit der Techniken in diesem Buch als Zugabe zu den Grundlagen aufgefasst werden, die zusätzlich zu den grundlegenden Überlebensfähigkeiten erworben werden.

Bushcraft, Holzbearbeitung, Lagerwissen und Leben in der Wildnis können so vielfältig erörtert werden, dass kaum ein Buch alle Themen oder Techniken behandeln kann. Meine Hoffnung ist, dass in diesem Buch neue Informationen für Sie stecken und es Ihnen einen höheren Kenntnisstand oder eine Verfeinerung oder Verbesserung in der Effizienz bringt, dass es Ihnen bereits bekanntere Themen auf frische Weise präsentiert oder Lücken im Detailwissen schließt, die sich sonst nur schwer aneignen lassen.

Ich habe hier keine Technik ausgewählt, die ich nicht anwende – nicht unbedingt, weil andere Techniken schlecht oder minderwertig wären, nur kann ein Buch nicht alle Arten, wie man etwas machen könnte, abdecken. Ebenso wäre es unaufrichtig von mir, etwas auf verbindliche Weise zu lehren, ohne Erfahrung damit zu haben. Wir leben in einer Zeit, in der so viele Informationen im Internet geteilt werden; einige sind imposant und geistreich, andere wiederum nutzlos, gefährlich oder zusammenhanglos. Dennoch gibt es einen bestehenden, verifizierten und validierten Wissensstand. Es gibt eine Tradition, bestimmte Techniken auf eine bestimmte Weise mit bestimmten Mitteln anzuwenden und das funktioniert auch unter realen Bedingungen. Manchmal sind dies hart gewonnene Erkenntnisse im Angesicht der Naturgesetze. In allen Fällen sind diese Techniken reproduzierbar und haben die Prüfung durch die Zeit bestanden.

Was ich hier teile, habe nicht ich erfunden. Ja, mein Sachverstand rührt aus Wiederholung in der Praxis. Und ja, ich präsentiere die Themen durch die Linse meiner eigenen Erfahrung, ebenso wie ich sie anderen beibringe. Die praktische Basis, auf der all dies fußt, wurde von Lehrern und Mentoren persönlich erworben. Insbesondere möchte ich Juha Rankinen erwähnen, von dem ich viel gelernt habe. Zusätzlich dazu gab es mein Studium alter Holzbearbeitungstechniken, wie sie Ernest Thompson Seton und Bernard Sterling Mason im Besonderen dargelegt haben. Der Inhalt von Mors Kochanskis *Bushcraft* hatte ebenfalls einen großen Einfluss. Ich habe viele Einblicke aus der Klarheit der Präsentation traditioneller Objekte gewinnen können, die Ray Mears mir zeigte; anfangs durch seine Fernsehsendungen, später durch die persönliche Arbeit mit ihm. Die Arbeit mit Lars Fält bot mir einen einmaligen Einblick in das Leben im borealen Nadelwald (Taiga), den ich seitdem in all meinen winterlichen Fluchtversuchen gen Norden zu erweitern pflege. In diesem Zusammenhang danke ich auch meinem guten Freund und Kollegen Iain Gair, ohne dessen Begeisterung für die Taiga ich weder so viele Abenteuer dort erlebt, noch so viele Einblicke in die hier gezeigten Themen erhalten hätte. Dass ich mich mit einem Kanu durch die Wildnis bewege, verdanke ich Ray Goodwin. Ray war mein Kanutrainer, und später wurden wir ein Team, um viele Kanureisen in der Wildnis zu unternehmen. Die Erfahrungen in der der Wildnis auf diesen Reisen hatte auch riesigen Einfluss auf die Themenwahl in diesem Buch. Ich danke außerdem all meinen Kolleginnen und Kollegen, von denen ich über die Jahre etwas über Holzbearbeitung gelernt habe. Es sind zu viele, um sie alle namentlich zu hier anzuführen. Ebenso möchte ich allen Kursteilnehmern danken, die Fragen gestellt, Probleme aufgeworfen, Coaching in Anspruch genommen und Vorschläge gemacht haben. Dieses Feedback ist wesentlich/essenziell für die hier gezeigten Techniken.

Somit ist *Mit der Axt im Wald* ein praktisches Buch über die Fertigkeiten, die ich anwende – manche sehr häufig, andere weniger oft. Es gibt einige Variablen, die den Rahmen bestimmen, in dem wir arbeiten: das Werkzeug, die Umgebung (Wald), das Material und der Kontext (Reise durch die Wildnis und Expeditionslager). Ich möchte Ihnen den Unterschied zwischen Kunsthandwerk und praktischer Anwendung in Erinnerung rufen – und wann der praktische Anwender pragmatisch sein muss und wo es Raum gibt, nach Perfektion zu streben. In diesem Werk sind Sicherheit und Effizienz Prinzipien, die man niemals ignorieren darf.

Das Ziel – oder auch die Notwendigkeit – ist hier, mit minimalem Werkzeug unterwegs zurechtzukommen. Wir sind weder Selbstversorger noch betreiben wir eine Werkstatt, sei es nun drinnen oder draußen. Ich bin kein Grünholzschnitzer oder -Drechsler im traditionellen, handwerklichen Sinne und auch keiner meiner Mentoren war das. Ich komme zu diesen Themen durch eine Reihe von Bushcraft- und Wildnis-Lehrern und durch meine persönliche Erfahrung auf Wildnisreisen in unterschiedlichen Jahreszeiten. Diese Perspektive ist in allem, was auf diesen Seiten steht, fest verankert.

Ich sehe auf einigen Fotos älter und auf einigen jünger aus, weil die Bilder in diesem Buch über den Verlauf von mehr als einem Jahrzehnt aufgenommen wurden. Außerdem habe ich eine ganze Menge Fotos aus meinen Kursen, von Kursteilnehmern und Assistenten, die mich bei der Abhaltung unterstützt haben, verwendet. Das liegt einerseits daran, dass ich Fotografie mag und es für mich einfach und unkompliziert ist, Bilder aufzunehmen, während ich Kursteilnehmer anleite oder meine Assistenten eine Einheit leiten. Viele Bilder wurden nicht mit einem Buch im Hinterkopf aufgenommen, daher sind einige vielleicht ein bisschen unaufgeräumt, mit halbfertigen oder scheinbar unpassenden Gegenständen im Hintergrund. Das zeigt aber auch, dass diese Techniken leicht anwendbar sind. Auch wenn es natürlich stimmt, dass zwischen dem Kennen einer Technik und ihrer korrekten Ausübung ein Unterschied liegt, dauert es meiner Ansicht nach nicht Jahre über Jahre, um solide ausführen zu können, was hier gezeigt wird. Auch wenn alle Fertigkeiten von Erfahrung profitieren und einige definitiv mit der Zeit in ein echtes Handwerk übergeführt werden sollten, möchte ich auch Menschen ermuntern, hinauszugehen und mit dem zu beginnen, was sie lernen möchten.

Mir ist am wichtigsten, dass das, was Sie in diesem Buch vorfinden, für Sie nützlich ist und dass Sie es draußen in der Wildnis anwenden. Es ist wichtig, die Fertigkeiten und das Wissen zum Leben in der Wildnis zu bewahren. In der Zeit von Massenproduktion und Konsum liegt etwas Lohnendes darin, Dinge aus Naturmaterialien selbst zu machen. Mir scheint sogar, es war immer schon lohnend – sowohl physisch durch den Nutzen des Objekts, aber auch psychisch, da man in der Lage ist, etwas mit Bedeutung zu erschaffen. Die Herstellung von Dingen aus Naturmaterialien, die man findet und sammelt, bleibt zutiefst zufriedenstellend und ist wahrscheinlich heute aus einem psychologischen Blickpunkt heraus sogar noch wichtiger als je zuvor.

Mit wenig, aber gut gewähltem Werkzeug in den Wald zu gehen, eröffnet eine Vielzahl an Möglichkeiten zum Herstellen nützlicher Dinge aus natürlichen Materialien. Mit dem Wissen und den verfügbaren Werkstoffen sowie adäquaten Techniken und Fertigkeiten aus der Praxis können Sie die Dinge bauen, die Sie wollen – und im Wald brauchen. Sie befähigen Sie nicht nur, sondern sie verleihen Ihnen Freiheit. Sie können herstellen, was Sie brauchen, wann immer Sie es brauchen.

Vorige Seite*: Bei einem Nordschweden-Trip im Winter mit Ofenzelt bringen Freunde des Autors Brennholz ins Lager. Axt und Säge ermöglichen das Fällen, Entasten und Spalten von Totholz wie diesem.*

Rechts*: Teilnehmer eines Wildniskurses wenden verschiedene, in den Tagen zuvor erlernte Techniken an.*

Hultafors
Hultafors

Wahl des richtigen Werkzeugs für eine Aufgabe

Unterschiedliche Axtarten verstehen

Äxte sind ikonische Holzbearbeitungswerkzeuge und allgegenwärtig – angefangen bei alten Handbüchern über Camping und Holzbearbeitung bis hin zu den Logos aktueller Outdoor-Firmen. Auch wenn die Axt in der professionellen Waldwirtschaft weitestgehend von der Kettensäge abgelöst wurde, bleibt sie dennoch bei Outdoor-Menschen als nützliches Werkzeug für Lager und Wanderung beliebt. Sogar bei Universaläxten gibt es eine bemerkenswerte Auswahl. Außerdem gibt es einige speziellere Axtformen, die für Waldlager oder Hütten in der Wildnis von Bedeutung sind.

Anatomie der Axt

Bevor wir uns verschiedene Axtarten ansehen, werfen wir einen Blick auf die Bezeichnungen für ihre Einzelteile.

Axtstiel

1. Kopf/Haupt (siehe separates Bild für mehr Details)
2. Schulter
3. Rücken
4. Bauch
5. Hals
6. Griff
7. Knauf. Er verhindert, dass die Hand am Ende des Griffs abrutscht. Traditionellerweise beendete ein ergonomisch angepasster Huf eines Rehs oder eines Hirsches den Axtgriff, besonders bei größeren Äxten. Durch moderne Fertigungstechniken wird das Griffende senkrecht zur Griffachse abgewinkelt.
8. Loch zum Aufhängen

Axtkopf/Haupt

1. Nacken
2. Wange
3. Haus/Haube
4. Öhr/Auge
5. Blatt
6. Schneide
7. Zehe
8. Ferse
9. Schneidkante
10. Stiel/Schaft/Holm (siehe separates Bild für mehr Details)

Auge der Axt

1. Der Stiel/Schaft. Auf dem aus einem einzigen Stück Holz bestehenden Stiel – abgesehen von einem in der Mitte eingeschnittenen Schlitz zur Aufnahme des Keils – wird der Axtkopf aufgesetzt.

2. Der Keil. In den Schlitz am Ende des Stiels wird ein Keil eingeschlagen, um den Axtkopf in seiner Position zu fixieren. Er wird plan mit dem Stielende abgeschnitten.
3. Öse. Bei einigen Äxten wird eine Metallöse eingesetzt, um Keil und Stiel noch besser zu fixieren. Einige Hersteller meinen, eine Öse würde keinen Unterschied bewirken, wenn der Axtkopf korrekt angebracht ist. Einige Anwender beklagen, dass eine simple Metallöse den Austausch des Axtstiels erschwert.

Universaläxte

Universaläxte eignen sich gut für Wildnisreisen und viele Aufgaben rund ums Lagerleben. Die Bandbreite an Universaläxten konzentriert sich auf ein grundlegendes, funktionales Design, das dann je nach Zweck verändert wird.
Trotz des Rückgangs der Axt als professionelles Werkzeug der Waldbewirtschaftung stellen einige wenige Hersteller noch traditionelle Äxte her. Die Äxte, nach denen es sich zu suchen lohnt, haben hochwertige, geschmiedete Axtköpfe und widerstandsfähige Stiele aus Hickory- oder Eschenholz. Der Trend der letzten 20 Jahre bei traditionellen Waldäxten ging in Richtung „zurück zu den Wurzeln“: keine Farbe an den Axtköpfen, das naturbelassene Holz des Griffs lediglich mit Leinöl oder einer Leinöl-Bienenwachs-Mischung eingelassen, damit die Maserung zu sehen ist.

Universal-Wald- bzw. Forstäxte (oder Fälläxte) haben in der Regel einen kleinen Nacken, relativ wenig Metall an den Längsseiten des Auges und eine sich sanft verjüngende Wölbung im Querschnitt des Blattes in Richtung Schneide, die für gewöhnlich konvex ist. Eine konvexe Schneide sorgt trotz des schlanken und eleganten Axtkopfquerschnitts für Stärke an der Schneidkante. Eine gebogene Schneidkante ist effizienter bei Grünholz und typisch für Waldäxte aller Größen. Vergleichen Sie diese einmal mit speziellen Zimmermannsäxten, die nur für getrocknetes Holz gedacht sind; sie verfügen über sehr gerade Schneiden. Die Stiele von Waldäxten sind nicht gerade, sondern weisen sanfte Wölbungen auf, um der Ergonomie und dem Zweck dieser „Arbeitstiere“ gerecht zu werden. Die Stiele sind glatt, besonders bei größeren Modellen. So kann die Hand des Axt-Benutzers nahtlos und mit möglichst geringer Reibung von einer Position nahe am Axtkopf bis nach hinten zum Griff gleiten.

Im Zusammenhang mit den beliebten Äxten am heutigen Markt können wir die Universaläxte in vier Größenkategorien einordnen: Handbeil, Forstbeil, Forstaxt und Fällaxt. Sie alle verfügen über Allzweck-Köpfe und bilden gemeinsam eine Kategorie, die sich von spezielleren Äxten, etwa zum Spalten oder Schnitzen, abhebt.

Die meisten Universaläxte haben leicht gebogene Schneidkanten.

Der Querschnitt einer Universalaxt ist recht schmal, mit einer leicht konkaven Schräge vom Auge zur Kante – das letzte Stück an der konvexen Schneidkante ausgenommen.

Das Handbeil ist leicht und hat einen kurzen Stiel.

Das Forstbeil ist eine vielseitige und tragbare Universalaxt, hat aber immer noch einen recht kurzen Stiel.

Die Forstaxt/Holzaxt hat einen schwereren Kopf als das Forstbeil und der Stiel hat in etwa meine Armlänge.

Diese Fällaxt ist mit einem noch größeren und schwereren Kopf und dem Stiel, der von meinen Fingern fast bis zum Brustbein reicht, ungefähr doppelt so schwer wie die Forstaxt/Holzaxt.

Handbeile

Das Handbeil ist die klassische kleine Campingaxt.

Handbeile sind unter den Universaläxten die kleinsten. Kompakt und recht leicht, lassen sie sich gut mitnehmen. Handbeile werden einhändig benutzt. Im Vergleich zum Gebrauch eines Messers erledigen sie viele einfache Aufgaben rund ums Lager schneller oder effizienter – oder beides; etwa den Zuschnitt von hölzernen Heringen oder das Spalten von Anzündholz. Sie dienen Jugendlichen als gute Universaläxte, ähnlich wie eine größere Axt einem Erwachsenen. Für alle, deren Arm schnell ermüdet oder deren Handgelenk überlastet wird, wenn sie mit einer schwereren Axt schnitzen, könnte der Umstieg zum Handbeil die Antwort sein.

Typische Maße: Stiellänge im Bereich von 34–38 cm mit einem Gesamtgewicht von 0,6–0,8 kg.

Selbst unter den Handbeilen gibt es Varianten. Das obere Handbeil ist kleiner und leichter als das Modell darunter, das außerdem eine gebogenere Schneidkante aufweist.

Das Forstbeil lässt sich leicht mitnehmen und ist ein absoluter Tausendsassa.

Forstbeile

Verglichen mit dem Handbeil hat das Forstbeil einen längeren Schaft sowie einen größeren und schwereren Kopf, was insgesamt zu mehr Gewicht und einer größeren Hebelwirkung führt. An einem Erwachsenen gemessen, der seinen Arm horizontal zur Seite streckt, entspricht die Axtgröße ungefähr der halben Distanz von den Fingern zum Brustbein.

Das Forstbeil ist gerade lang genug, um es beidhändig schwingen zu können, aber auch noch kompakt genug für nur eine Hand. Zusätzlich zu den grundsätzlichen Aufgaben einer kleinen Lageraxt werden diese Beile auch für forderndere Arbeiten, z. B. das Spalten von schwererem Holz und sogar das Fällen von Bäumen verwendet.

Typische Maße: Gesamtlänge von ca. 50 cm mit einem Gesamtgewicht von ca. 0,9–1,2 kg.

So lässt sich das Forstbeil gut einpacken. Kombiniert mit dem niedrigen Gewicht für eine Axt lässt es sich hervorragend mitführen. Größe, Gewicht und Form machen es zu einer vielseitigen Universalaxt, die für viele Anwender einfach passt. Wenn ich persönlich eine Axt auf eine Reise mitnehmen will, mir aber nicht der Sinn nach etwas Speziellerem steht, ist das Forstbeil meine Standardwahl. Sie ist für jede Arbeit, die ich erledigen möchte, geeignet, auch wenn sie für keine Aufgabe speziell optimiert ist – ein Tausendsassa unter den Äxten.

Ein Forstbeil in beidhändiger Verwendung beim Fällen eines Baums.

Mit der richtigen Technik machen Forstbeile das Spalten von Feuerholz im Lager zum Kinderspiel.

Forstäxte

Die Forstaxt ist eine ideale, leichte Axt. Mit einem Kopf, der mindestens so schwer wie der eines Forstbeils, öfter aber auch schwerer ist, und einem Stiel, der drei Viertel der Entfernung von den Fingerspitzen bis zum Brustbein eines Erwachsenen misst (daher der englische Name „Three-Quarter Axe"), hat sie auch mehr Schwung und Hebel als das Forstbeil. Sie eignet sich durch ihre Länge und den tief zum Boden schwingenden Kopf (perfekter Schwungmoment) exzellent zum Entasten von gefällten Bäumen. Waagerecht geschwungen ist sie eine überraschend leichte und leistungsfähige Fällaxt, leichter und besser mitführbar als die große Fällaxt. Forstäxte haben deutlich mehr Hackkraft als ihre kleinen Brüder, was am höheren Gewicht des Kopfes und dem längeren Stiel liegt, wobei sie dennoch nur etwas mehr als die Hälfte des Gesamtgewichts ihrer großen Brüder wiegen.

Was man jedoch in einigen Bereichen dazugewinnt, verliert man in anderen. Die Stiellänge der Forstaxt macht diese Axtform etwas zu sperrig zum Schnitzen. Selbiges gilt für einige Techniken im Lager, etwa das Spalten von kleinem Anzündholz. Die zuvor erwähnte Dreiviertellänge zwischen Fingern und Brustbein macht diese Axt etwas unhandlich für kleinere Arbeiten.

Typische Maße: Gesamtlänge von ca. 65 cm bei einem Gesamtgewicht von ca. 1,2 kg.

Fälläxte

Fälläxte gehen zurück auf die Zeit der Forstwirtschaft, in der Bäume noch händisch gefällt wurden. Dieser Axttyp hat ungefähr das doppelte Gewicht einer Forstaxt, vor allem wegen des schwereren Kopfes mit der größeren Schneidkantenlänge. Die Fällaxt ist für größere Fällarbeiten gedacht und wird in der Regel beidhändig verwendet. Sie eignet sich auch sehr gut zum händischen Zerteilen von Baumstämmen und macht hier kurzen Prozess.

Die Fällaxt ist zwar gut zum Entasten größerer Äste geeignet, aber mit der Forstaxt geht das Entfernen vieler kleiner Äste schneller, da sie weniger träge ist und mit weniger Mühe beschleunigt werden kann. Die Fällaxt ist auch nützlich beim Spalten oder Hacken von Scheiten rund um Lager und Hütten.

Die Forstaxt ist nicht viel größer und schwerer als das Forstbeil, agiert aber eher wie eine Fällaxt und nicht wie ein Forstbeil.

Eine Frage der Größe: Drei ähnliche Äxte unterschiedlicher Größe: Fällaxt, Forstaxt und Forstbeil.

Sie sollten für Winterreisen in Betracht gezogen zu werden, auch wenn ich die größere Vielseitigkeit der Forstaxt bevorzuge. Fälläxte sind zu groß für kleine Spaltarbeiten und zum Schnitzen. Mit dem 1,5 kg schweren Kopf und einem Stiel, der fast ganz von meinen Fingern bis zum Brustbein reicht, ist meine Fällaxt etwa doppelt so schwer wie die Forstaxt.

Typische Maße einer Fällaxt: Gesamtlänge von 81–90 cm bei einem Gesamtgewicht von ca. 2,2 kg.

Spezialausführungen
Spaltäxte

Eine Spaltaxt wie aus dem Lehrbuch.

Spaltäxte sind – wie der Name schon sagt – zum Holzspalten konzipiert. Sie sind keine Universaläxte. Sie sind nicht zum Bäumefällen geeignet und auch nicht zum Schnitzen. Sie spalten Holz. Eine gute Spaltaxt ist so konstruiert, dass sie effektiv und mit brutaler Effizienz arbeitet. Sie sind kein Feinwerkzeug.

Die Köpfe von Spaltäxten sind keilförmig und schwer. Betrachtet man eine Spaltaxt von oben mit Blick auf den Kopf, sieht man, dass sie rund um das Auge breiter ist als eine Universalaxt. Dies führt zu zwei Dingen: Erstens liegt viel mehr

Der Kopf einer Spaltaxt im Vergleich zu einer Universalaxt von vergleichbarer Größe. Die Spaltaxt ist viel schwerer und keilförmiger geformt.

Metall im Kopf als bei einer Universalaxt, was das Gewicht erhöht; zweitens bedeutet dies, dass die Verjüngung hin zur Schneidkante viel stärker ist als bei einer Universalaxt. Dies führt zu einer stärkeren Keilform.

Der Stiel weist oft eine schwächere S-Form und einen weniger ausgeprägten Bauch auf als bei Forstäxten, hat aber noch immer eine ergonomisch geformte Ausbuchtung, damit das Blatt mit der Schneide nach unten führt. Vergleichen Sie dies mit dem Spalthammer (siehe S. 22). Der Griffbereich ist bei einigen Spaltäxten geriffelt, um einen besseren Halt zu gewährleisten. Es wird davon ausgegangen, dass Sie mit einer derartigen Axt harte Schläge ausführen und die Hände auch schweißbenetzt sein können.

Die Spaltaxt links hat ungefähr dieselbe Grifflänge wie die Forstaxt rechts und auch das Kopfprofil hat eine ähnliche Größe, aber der Kopf der Spaltaxt wiegt 1,6 kg – der Kopf der Universalaxt nur 0,9 kg.

Bei einer Axt mit einem so schweren Kopf mag es überraschen, wie kurz die Schneide von der Ferse bis zur Zehe ist. Dies sorgt allerdings für einen Vorteil, wenn die Axt in einen Stamm (ein Rundholz) eindringt, es aber nicht spaltet. Es ist viel einfacher, eine steckengebliebene Spaltaxt mit kurzer Schneide aus dem Holz zu ziehen, als eine Axt mit längerer Schneidkante. Da der Kopf recht kompakt ist, spaltet er Rundholz mit dem Durchmesser eines Mehrfachen dieser Fersen-Zehen-Distanz, weshalb einige Hersteller ihre Holzstiele mit einem zusätzlichen Schutz in Form einer Metall-

Stielschutzhülse einer Spaltaxt.

schelle (der sogenannten Stielschutzhülse) versehen. Dies verhindert, dass die Fasern größerer Holzstücke die Unterseite des Stiels abreiben, wenn der Axtkopf sich durch das Holz arbeitet.

Mit der Zeit stolpern Sie vielleicht auch über interessanter aussehende Spaltaxtausführungen, wie z. B. die Chopper1®. Ihre Schneidkante ist ähnlich lang wie die einer Universalaxt in vergleichbarer Größe, allerdings ist die Schneide weniger breit und spitzwinkeliger. Was bei diesem Axtkopf hinzukommt, unterscheidet sich allerdings stark von den meisten Äxten: Hier liegen ein paar Drehhebel, die durch die Oberfläche des Holzes aktiviert werden und die Seiten des Holzes auseinanderdrücken. Wenn Sie sehr großes Rundholz spalten, ist diese Axt am besten für Sie geeignet, wenn Sie die Seiten abhacken und sich nach innen arbeiten, anstatt zu versuchen, das Holz direkt durch die Mitte zu spalten. Es gibt auch noch andere Ausführungen mit Hebeln und es ist immer interessant zu sehen, was man im Holzschuppen einer Hütte in der Wildnis so findet.

Spaltaxt Chopper1® mit mechanischen Hebeln als Hilfe beim Auseinanderstemmen des Holzes.

Die Spaltaxt mit Stemmhebeln (links) ist ähnlich groß wie eine große Universalaxt.

Ein Spalthammer ist eine Spaltaxt mit einigen besonderen Eigenschaften. Er hat dasselbe keilförmige Blatt wie eine gewöhnliche Spaltaxt. Er ist jedoch dazu gedacht, sowohl zusammen mit Spaltkeilen aus Metall verwendet zu werden, als auch alleine wie eine Spaltaxt. Der Nacken eines Spalthammers ist vergrößert und das Metall gehärtet, um dem Zusammenprall mit anderen Metallobjekten standhalten zu können. Er erinnert mehr an einen Fäustel als an eine gewöhnliche Axt und kann daher mit einem Hammer geschlagen werden, ohne Schaden zu nehmen (was sonst geschehen würde: Wenn Sie mit einer gewöhnlichen Axt metallene Spaltkeile oder Axtnacken schlagen, beschädigt dies die Axt).

Andere Dinge mögen gleich sein, der größere Nacken des Spalthammers sorgt jedoch für den Vorteil von mehr Gewicht. Der andere bemerkenswerte Unterschied zwischen Spaltaxt und -hammer ist die Stielform: Die des Spalthammers ist gerade. Er ist so konzipiert, dass er mit der Schneidkante nach unten als Axt und mit dem Nacken nach unten wie ein Hammer verwendet werden kann. Der gerade Stiel ermöglicht beide Anwendungsarten gleichermaßen.

Ein Spalthammer mit einem 2,5 kg schweren Kopf und einem 79 cm langen Stiel.

Der Nacken eines Spalthammers ist zum Hammer geformt und gehärtet.

Profil eines Spalthammers von oben.

Die passende Axt für jeden Zweck

Sobald ein Verständnis für die verschiedenen Axtarten vorliegt, stellt sich die erste Frage: „Was für eine Art Axt brauche ich?". Ich verwende absichtlich „brauchen" statt „wollen". Beim Kauf Ihrer ersten Axt wäre eine Universal-Forstaxt eine sinnvolle Wahl. Selbst wenn Sie sich eine ganze Axtsammlung zulegen, müssen Sie Entscheidungen treffen, z. B.: Was, wenn Ihr Kumpel Sie zu einem Winter-Campingtrip einlädt? Da stapfen Sie in Schneeschuhen und ziehen einen Schlitten hinter sich her. Werden Sie Ihre gesamte Sammlung mitschleppen? Sie müssen sich entscheiden, welche Äxte Sie mitnehmen und diese Wahl muss unter Berücksichtigung der Rahmenbedingungen der Reise sinnvoll sein. Das betrifft auch das Axtgewicht, die Funktion der Axt, das Gewicht weiterer Ausrüstung und Lebensmittel, den Packraum, Ihr Fitnesslevel, Anzahl und Art an Äxten, die Mitreisende mitbringen, die benötigte Feuerholzmenge, wie viele Tageslichtstunden es zum Verarbeiten des Holzes gibt und wie viele Personen in der Gruppe sind (Arbeitsteilung ist auch in der Wildnis das A und O).

Wenn ich nach Kanada auf einen Kanutrip fahre, nehme ich ein Forstbeil mit. Es lässt sich leicht einpacken und wiegt nicht viel, versorgt mich aber mit dem gewissen Extranutzen, der über den eines Gürtelmessers hinausgeht. Ja, ich kann Holz mit meinem Messer mittels Batonieren* spalten, bin mit einer Axt aber viel schneller. Mit der Axt kann ich auch großes Feuerholz mit Knoten oder Ästen spalten, was mit einem Messer schlichtweg nicht möglich wäre. Mit der Axt kann ich die seitlichen Äste schnell entfernen. Falls notwendig, kann ich nahe der potenziellen Lagerstelle gefährliche Bäume beseitigen und verlegte Transportwege, die mich behindern würden, freimachen. Ich kann außerdem schnell Gegenstände für mein Lager herstellen. Das Forstbeil verdient seinen Platz in meinem Gepäck aufgrund seiner Funktion, kombiniert mit den (potenziellen) Anforderungen der Reise. Ich verstehe auch das Argument, lieber eine Forstaxt als ein Forstbeil mitzunehmen, insbesondere im Frühling oder im Frühherbst, wenn es speziell in der Nacht kalt wird. Sie brauchen mehr Feuerholz zum Wärmen und haben weniger Tageslichtstunden, um alles erledigt zu bekommen. Ich unternehme meine Kanadatrips lieber, wenn es wärmer ist als im letztgenannten Szenario.

Der Autor mit einer Forstaxt auf einer Reise in den borealen Nadelwald (Taiga) vor seinem Ofenzelt.

* Beim Batonieren/Batoning wird Holz mit Hilfe eines Messers gespalten. Dabei legt man die Klinge auf die Stirnseite des Hackguts und schlägt mit einem Holzhammer oder einem harten Holzstück auf den Messerrücken, um das Messer durch das Holz zu treiben. Dabei wird die Klinge allerdings stark beansprucht und Schläge auf das Heft des Messers können zu Schäden oder sogar zum Bruch des Werkzeugs führen.

Im winterlichen borealen Nadelwald bietet eine größere Axt erhebliche Vorteile. Empfehlenswert ist mindestens die Mitnahme einer Forstaxt (rechts), im Gegensatz zum beliebten Forstbeil (links).

Wintercampen im borealen Nadelwald (Taiga), sei es in Nordskandinavien, in Kanada oder sonst wo, ist eine ganz andere Sache als Sommercampen; sogar wenn ich an ähnliche Orte reise, die ich im Sommer mit dem Kanu besuche. Für Winterreisen in die Taiga ist eine Forstaxt meine erste Wahl. In diesen großen, im Norden gelegenen Wäldern, in denen vorwiegend Kiefern, Fichten und Birken wachsen, ist eine Axt das wichtigste Schneidwerkzeug. Ja, eine Säge ist effizienter zum Schneiden quer zur Maserung, aber man kann alles Notwendige mit einer Axt erledigen. Ich sage nicht, ich würde keine Säge mitnehmen. Ich stelle lediglich die Hierarchie der Werkzeuge fest, wie sie für mich einleuchtend ist.

Im Winter hat eine Axt, die größer als ein Forstbeil ist, spezielle Vorteile. Sie brauchen viel Heizmaterial bei einer Winterwaldreise, ganz gleich, ob Sie biwakieren oder in einem mit Ofen beheizten Zelt schlafen. Feuerholz in der Taiga bedeutet typischerweise, stehendes Totholz zu fällen und zu verarbeiten. Sie müssen Äste entfernen, Stämme zerteilen und das Holz in Stücke spalten, die Sie in Ihren Ofen stecken können.

Die Bäume wachsen in der Taiga langsamer als weiter südwärts, da die Wachstumsperiode kürzer ist. Dadurch stehen die Jahresringe näher beieinander, wodurch das Holz härter wird. Dies bedeutet wiederum, dass Ihre Axt eine größere Schnittwirkung haben muss als weiter im Süden.

In meinen Augen brauchen Sie für einen Wintercampingtrip in die Taiga mindestens eine Forstaxt. Die zusätzliche Stiellänge sorgt für erheblich mehr Hebel. Außerdem hat sie einen schwereren Kopf und eine etwas größere Schneide als die kleineren Äxte. Diese Axtgröße kann auch zum Holzspalten rund um das Lager genutzt werden, und auch wenn der Stiel zum Schnitzen von Löffeln oder anderem Besteck zu lang ist, kann man sie einhändig verwenden, um kleineres Feuerholz zu spalten. Treten mehrere Teilnehmer diese Reise an, ist es eine Option, wenigstens ein Forstbeil für kleinere Arbeiten dabeizuhaben.

Trotz des zusätzlichen Gewichts und der Größe im Vergleich mit dem Forstbeil lässt sich eine Forstaxt immer noch gut transportieren, insbesondere, wenn man an die Transportmittel in einer winterlichen Umgebung denkt. Manche gehen sogar noch weiter und setzen sich bei winterlichen Reisen eine große Spaltaxt auf die Packliste. Ich verstehe den Gedankengang und wäre nicht unglücklich, bei meinen Winterreisen eine Spaltaxt dabei zu haben, allerdings wiegt meine Forstaxt nur die Hälfte und bietet mir den Nutzen, den ich bei einer derartigen Unternehmung benötige. Ein guter Mittelweg, der sich auch bezahlt macht ist, eine Forstaxt mit schwererem Kopf.

Sowohl das Forstbeil als auch die Forstaxt bieten die Vielseitigkeit, eine Gruppe mehrerer Menschen im winterlichen Ofenzelt zu versorgen.

So haben Sie noch die Form einer Forstaxt, aber mehr Gewicht, um leichter durch das eng gemaserte Holz zu kommen.

Auch wenn wir so objektiv sein wollen wie möglich, sind einige Ansprüche persönliche Vorlieben, nachdem man verschiedene Optionen ausprobiert hat. Ganz gleich, auf welche größere Axt die Wahl für Ihr Winterabenteuer fällt, wenn Sie mit Schneeschuhen und Schlitten oder gar Hundeschlitten oder Schimobil unterwegs sind – sie alle erlauben die Mitnahme einer größeren Axt.

Eine Fällaxt macht sich bei größeren Fällarbeiten oder viel Entastungsarbeit bezahlt. Das erledigen nicht mehr viele Menschen im Zeitalter der Kettensäge so. Fälläxte sind allerdings großartige Werkzeuge, die Axtliebhabern gewiss ein Lächeln ins Gesicht zaubern. Sie verlangen nach Entschleunigung und nutzen das Gewicht, das in ihnen steckt. Greift man danach zur Forstaxt, fühlt man sich, als sei man ein kleiner Specht. Die Fällaxt eignet sich auch besser als Spaltaxt als eine leichte Universalaxt, was an dem höheren Gewicht und dem größeren Kopf liegt.

Ich habe einige Spaltäxte und -hämmer verschiedener Größen und sie machen kurzen Prozess mit großen Brennholzmengen, was für mich persönlich sowohl Spaß als auch ein gutes Fitnesstraining ist. In meiner Logik sind diese Spezialäxte jedoch am sinnvollsten zum Brennholzmachen am eigenen Hof oder in Hütten in der Wildnis. Auch wenn ich sie im Wald gerne verwende, brauche ich im Lager nicht so viel Feuerholz, um nur dafür die Mitnahme zu rechtfertigen. Ich kann das gesamte Feuerholz, das ich in einem vorübergehenden Lager benötige, mit einer Universalaxt schlagen.

Spaltäxte sind hervorragend zum effizienten Hacken beachtlicher Mengen größerer Stämme geeignet. (Foto: Martin Tomlinson)

Eine Spaltaxt mit fiberglasverstärktem Plastikstiel in Verwendung in einem entlegenen Camp in Kanada.

Spaltäxte können in dauerhaften Camps sinnvoll sein – vor allem, wenn es Gebäude oder Rahmenzelte mit Öfen gibt. In diesem Falle sollte man bedenken, ob ein Modell mit Holzgriff oder eine moderne Spaltaxt mit fiberglasverstärktem Plastikgriff das Richtige ist. Letztere Variante ist recht kostengünstig und braucht nur wenig Pflege, während Holzgriffe einige Wartung erfordern, um in gutem Zustand zu bleiben. Sie vertragen es auch nicht gut, über längere Zeit draußen zu stehen. Welche Spaltaxt die richtige ist – ob traditionell oder modern – hängt von der Lage der Hütte ab und davon, wer sie benutzen wird.

Es gibt zahlreiche Axthersteller. Auch wenn sie ähnliche Modelle herstellen, liegen die Unterschiede in den Details. Einige haben schwerere Köpfe bei einer bestimmten Größe, manche geradere Griffe, andere breitere Köpfe. Manche haben gebogenere Schneidkanten. Einige Spaltäxte und -hämmer haben konkave, keilförmige Köpfe, während andere konvex verlaufen. Wie überall gibt es auch hier unterschiedliche Preisklassen. Sehen Sie sich beim Einkaufen um und probieren Sie die Äxte aus, wenn Sie können.

Wichtige Anmerkungen zur Wahl der Axt

Ausrichtung und Anbringung des Kopfes

Ist der Kopf gerade angebracht? Schauen Sie entlang der Schneide nach unten, um zu sehen, ob Kopf und Stiel gerade ausgerichtet sind.

Gute Ausrichtung von Kopf und Stiel.

Ist der Kopf fest? Selbstverständlich muss der Kopf einer neuen Axt gut am Stiel befestigt sein – völlig ohne Spiel. Wenn Sie aber eine gebrauchte (auch nur wenig benutzte) Axt übernehmen, ist es definitiv ratsam, nach etwaigen Zeichen von Bewegung zu suchen. Dies tun Sie, indem Sie prüfen, ob der Kopf sich im Verhältnis zum Stiel bewegt, aber auch durch einen Blick darauf, wo die beiden aufeinandertreffen. Wenn der Axtkopf sich am Stiel bewegt hat, sieht man oft eine Art Strich oder Spur, die zeigt, wo er vorher war.

Ausrichtung der Maserung

Ist der Stiel der Länge nach gemasert? Prüfen Sie, ob die Maserung des Holzes der Stiellänge nach oder schräg dazu verläuft. Bei Hickory-Stielen ist das weniger entscheidend als etwa bei Esche. Doch auch hier gilt: Haben Sie die Wahl zwischen längs oder schräg ausgerichteter Maserung, ziehen Sie Erstere vor. Eine gerade Maserung sorgt für größere Widerstandsfähigkeit des Stiels.

Hier ist ein gutes Beispiel für eine perfekt der Stiellänge nach verlaufende Maserung, wodurch stärkere Widerstandsfähigkeit gegeben ist.

Metallöse – ja oder nein?

Bei Forstäxten und größeren Modellen, bei denen die Kraft des Aufpralls viel höher ist als bei kleineren Äxten, ist eine selbstsichernde Metallöse, die den Keil an seinem Platz hält, eine bei manchen Menschen gern gesehene Maßnahme, damit der Keil nicht verrutscht.

Form und Verarbeitung

Bis zu einem gewissen Maß sind Form und Verarbeitung eine ästhetische Wahl, aber ein gut verarbeitetes Werkzeug zeigt auch, dass es mit besonders großer Sorgfalt hergestellt wurde. Demnach haben handgemachte oder per Hand fertiggestellte Werkzeuge einen höheren Preis. Diese Überlegung ist also auch eine Geldfrage. Manches können Sie aber auch selbst verbessern. Viele traditionelle Äxte werden mit einem Holzgriff geliefert, der nur mit einer Leinöl-Bienenwachs-Mischung eingelassen wurde. Andere haben einen lackierten Griff, wieder andere sind bemalt. Manche Handwerker haben eine starke Vorliebe für eine dieser Varianten. Es scheint eine ähnliche Debatte hinsichtlich der Frage, ob die Axt geölt oder lackiert sein soll, in der Axt-Community zu geben – ähnlich wie auch unter Kanuten über die Pros und Contras dieser Schlussbehandlung an Paddeln diskutiert wird. Ich möchte dazu anmerken, dass Lack wasserbeständiger ist, aber neues Lackieren ist lästig, wenn er abplatzt. Im Gegensatz dazu ist Öl leichter in der Wartung und bietet eine glatte Schlussbehandlung ohne das Abplatzen, aber bis man viele Schichten polymerisiertes Öl auf einen Axtstiel aufgebracht hat, ist die Maserung anfälliger für ein Aufquellen, da sie die Luftfeuchtigkeit aufnimmt. Erneut geht es neben persönlichen Vorlieben darum, die Umstände zu beachten, unter denen die Axt benutzt wird.

Ein entscheidender Unterschied

Wenn Sie in einem Lager sind und Ihre Ausrüstung nicht jeden Tag mitnehmen müssen, werden Sie wahrscheinlich mehr Werkzeug dabeihaben. Es ist wirklich schön, ein gutes Basislager aufzubauen und ein bisschen Luxus zu haben, etwa gusseiserne Feuertöpfe für herrliche, über dem Feuer gekochte Speisen und Zeit, den Wald zu erkunden und interessante Holzstücke, die man rundherum so findet, zum Schnitzen zu sammeln. Ich verbringe einen Großteil des Jahres draußen, um Kurse über provisorische Basislager im Wald zu leiten. Wenn ich einen Holzhandwerkskurs leite, habe ich viel mehr Äxte als sonst bei mir, von denen die meisten für die Kursteilnehmer zum Verwenden, Ausprobieren und Vergleichen bestimmt sind. Letztlich bestimmt das, was Sie im Wald tun wollen, was Sie mitnehmen.

Die oben genannten Szenarien im festen Lager unterscheiden sich vom spartanischen Leben bei einer autarken Reise in die Wildnis, bei der man in der Regel höchstens eine Axt, manchmal auch weniger, mitnehmen kann. Dabei muss man die Rahmenbedingungen der Reise berücksichtigen und ein Werkzeug aussuchen, mit dem man alle wahrscheinlichen Aufgaben bewältigen kann und das gleichzeitig den Größen- und Gewichtsbeschränkungen entspricht. Wohin auch immer Sie Ihre Axt mitnehmen oder wo auch immer Sie sie verwenden, ob nah oder fern, genießen Sie den Wald, respektieren Sie die Bäume und verwenden Sie Ihre Axt sicher. Ein Gutteil dieses Buches ist diesen Zielen gewidmet.

Wahl und Verwendung von Sägen

Sägen haben besondere Vorteile. Sie sind effizienter beim Durschneiden der Holzmaserung als Messer oder Äxte, sowohl was den körperlichen Aufwand als auch den Verschnitt betrifft. Außerdem sind sie auch sicherer in der Verwendung. Ich kombiniere mein Gürtelmesser gerne mit einer kleinen Klappsäge. Ähnlich sinnvoll ist es, eine Universalaxt mit einer Säge in passender Größe zu kombinieren. Messer und Äxte funktionieren sehr gut in Maserungsrichtung, zum Schnitzen oder zum Holzspalten. Begleitend noch eine Säge für Schnitte quer zur Maserung zu haben, versorgt Sie mit dem besten aus beiden Welten. Holz gerade durchschneiden zu können, hat einige Vorteile, nicht zuletzt auch jenen, runde Brennholzstücke auf den Hackklotz stellen zu können.

Kleine Klappsägen

Eine Klapp-Astsäge eignet sich hervorragend zur Holzbearbeitung.

Diese Zähne schneiden, wenn sie zum Körper hin gezogen werden (nach rechts).

Ich trage eine kleine Klapp-Astsäge direkt neben meinem Gürtelmesser, wenn ich in Wald und Wildnis unterwegs bin. Diese Art von Säge schneidet normalerweise auf Zug, da sie keinen Rahmen hat, der sie straff hält. Auf Zug zu schneiden, bedeutet, dass das Sägeblatt unter Spannung steht und daher gerader ist als beim Schiebeschnitt. Ich mag kleine Sägen, die nicht so schnell zerbrechen. Die Sägen von Bahco Laplander biegen sich eher, als zu brechen, wenn sie sich im Schnitt verkanten. Sie können wieder zurechtgebogen werden, was bei Reisen in abgelegene Gegenden ohne Austauschmöglichkeit von Vorteil ist. Robustheit und Zuverlässigkeit sind ein Muss. Außerdem ist eine Klingenarretierung wünschenswert, insbesondere eine, die sich sowohl zum Verschließen als auch zum Öffnen fixieren lässt.

Sägen fürs Lager

Bügelsägen.

Eine größere Säge kann in festen Camps zur Brennholzverarbeitung von Totholz und trockenem Holz oder zum Sägen von Grünholz für Lageraufbau oder Schnitzarbeiten genutzt werden. Bügelsägen mit Metallrahmen sind günstig und robust. Sie halten lange sind ihr Geld wert. Es gibt sie in verschiedenen Größen, mit 60 cm Länge sind sie gute Lagersägen.

Größere Sägen – Sägeblattarten

Es gibt eine Vielzahl an Sägeblättern für größere Sägen wie Bügel- oder Gestellsägen. Die beiden wichtigsten Sägeblattar-

Eine Bogensäge erweist sich in einem fixen Lager als nützlich.

ten sind Blätter nur für gelagertes Holz und jene, die Grünholz sägen können. Erstere weisen der Länge nach regelmäßige Zähne auf. Sie sind für effizientes Schneiden von Holz mit niedrigem Feuchtigkeitsgehalt gedacht. Sägeblätter für Grünholz haben spezielle, schräggestellte Zähne, die zwischen den gleichmäßigen Zähnen der Klinge stehen. Diese schrägen Zähne entfernen das klebrige Sägemehl, verhindern, dass der Schnitt verstopft und senken das Risiko, dass die Klinge stecken bleibt. Letztere Sägeblattart kann als Universalsägeblatt betrachtet werden. Sie sägt sowohl Grün- als auch gelagertes Holz problemlos, nur nicht so effektiv wie das auf getrocknetes Holz spezialisierte Blatt.

Oben ein Universalsägeblatt, das Grünholz ebenso gut schneidet wie gelagertes Holz. Beachten Sie die schrägen, zusätzlichen Zähne. Unten ein Sägeblatt für trockenes Holz.

Zum Reisen geeignete Sägen

Um größere Sägen mitzunehmen, eignen sich Bügelsägen für die Reise in Fahrzeugen, bei denen die Säge an der Seite anderer Ausrüstungsgegenstände verstaut werden kann, etwa im Kofferraum eines Geländewagens. Bei Reisen mit „Selbstantrieb" ist Stauraum eventuell Mangelware – und Klappsägen sind von Vorteil. Hier bieten sich zwei Arten an: mit Holzrahmen und mit Metallrahmen.

Traditionelle hölzerne Gestellsägen sind elegant in der Fertigung und leicht im Gewicht. Sie haben zwei aufgestellte Ständer und eine Querstrebe. Das Sägeblatt wird durch eine Winde gespannt, einen alten Mechanismus, bei dem mit einem Hebel ein Stück Schnur „eingedreht" wird, um es zu kürzen. Beim Lösen der Winde fällt die Säge in ihre Einzelteile zusammen. In eine Schutzhülle gepackt, sind sie viel kleiner als die zusammengesetzte Säge.

Ich mag die hölzerne Gestellsäge vor allem für Campingtrips im Winter, da der Holzrahmen relativ warm in der Hand liegt, da das Holz Wärme weniger leitet als Metall (selbst wenn man Handschuhe trägt, entzieht das Metall mehr Wärme). Plastikgriffe können zwar die Leitfähigkeit von Sägen mit Metallrahmen mindern, werden aber bei kalten Bedingungen brüchig.

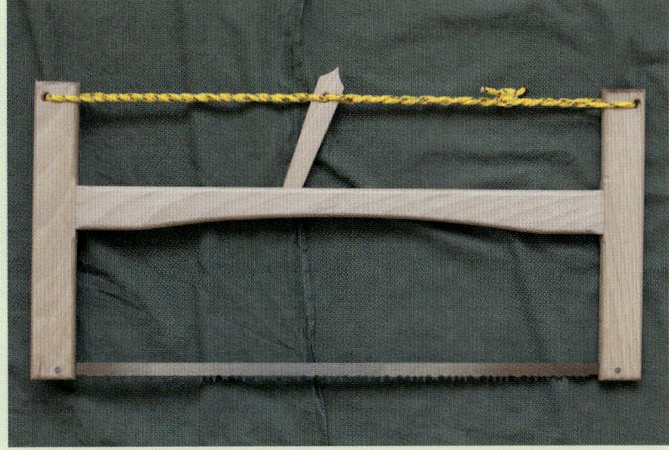

Eine traditionelle hölzerne Gestellsäge.

Auch wenn ich Holzsägen bei Kanureisen mithatte, besteht die Gefahr, dass sie nass werden, wenn das Kanu kentert oder mit Wasser vollläuft. Nasses Holz dehnt sich und das kann bei einer Gestellsäge zu schlechten Verbindungen führen. Das ist der Hauptgrund, weshalb ich Klappsägen mit Metallrahmen bei Kanutrips vorziehe. Sie sind außerdem robuster und für die Verwendung in der Gruppe geeignet – wo jemand vielleicht nicht so viel Acht auf das Werkzeug gibt, wie Sie es sich wünschen würden. Es ist enttäuschend, wenn die heiß geliebte hölzerne Gestellsäge dank unachtsamer Anwender Kratzer davonträgt.

Axt und Säge zum Wintercampen.

Oben*: zusammengeklappte Metallrahmensäge; unten: zusammengeklappte Gestellsäge.*

Mitführen von Ersatzsägeblättern

Vielleicht möchten Sie Ersatzsägeblätter auf Reisen mitnehmen, etwa weil Ihre Säge mit einem speziellen Sägeblatttyp ausgestattet ist und Sie eine Wechselmöglichkeit haben möchten. Natürlich könnten Sie auch ein Ersatzteil für den Fall eines Bruchs oder einer Abnutzung benötigen. Es gibt mehrere praktische Möglichkeiten, Ersatzsägeblätter zu transportieren. Eine besteht darin, die Klinge in ihrer Kartonverpackung mit Klebeband abzudecken. Alternativ kann man ein Klettband kaufen, das breit genug ist, um die Klinge zu umschließen und über und unter der Klinge sowie an jeder Seite zu haften. Letztere Option eignet sich besser für Sägeblätter, auf die Sie täglich Zugriff haben möchten, insbesondere wenn Sie die Sägeblatttypen bei Ihrer Säge austauschen möchten. Die Klebeband-Option reicht, um neue Ersatzklingen sicher aufzubewahren, bis Sie sie benötigen. Egal, wie Sie Ihr Ersatzsägeblatt verpacken, es passt in die Kiste mit Ihrer Säge. Durch die Abdeckung Ihrer Ersatzsägeblätter wird sichergestellt, dass ihre scharfen Zähne keine anderen Geräte, einschließlich der Säge oder ihrer Schutzhülle, beschädigen.

Oben*: Klappsäge mit Metallrahmen; unten: Klappsäge mit Holzrahmen (Gestellsäge).*

Möglichkeiten, Ersatzsägeblätter einzupacken. Oben*: Klebeband,* unten*: Klettverschluss.*

Eine Gratisanleitung für Ihre eigene klappbare Gestellsäge einschließlich Maßen und schematischen Darstellungen finden Sie unter ***wildernessaxeskills.com/resources***

Sicherer und effizienter Gebrauch einer Säge

Bei Sägen bestehen weit weniger Sicherheitsbedenken als bei Äxten. Dennoch gibt es einige grundlegende Sicherheitsprinzipien zu beachten, die Schnittverletzungen an der Hand weitgehend verhindern. Sägen, vor allem jene mit groben Zähnen, können über die Holzoberfläche rutschen, bevor sie richtig „beißen" und einen gut geformten Schnitt aufbauen – und niemand will, dass die Säge in einen Finger rutscht. Eine einfache Möglichkeit, dies zu vermeiden, ist ein Griff über das Sägeblatt, um das Holz auf der anderen Seite des Sägeblatts festzuhalten.

Die Technik des Darübergreifens ist zum Aufbau von Schnitten am wenigsten fehleranfällig. Ist der Schnitt dann einmal begonnen, können Sie die Hand zurück in eine angenehmere Position bringen, wenn Sie möchten. Das kann auch ein Halten des Schnitts mit dem Daumen sein, um das Sägeblatt zu sichern. Bei dünneren Holzstücken kann die Hand auch überkreuzt liegen bleiben. Bei größeren ist es jedoch wichtig, den Arm wegzunehmen, da Sie den Abstand zwischen Sägeblatt und Rahmen benötigen. Erfahrenere Handwerker können auch den Daumen als Führung verwenden, vor allem, wenn sie einen Schnitt an einer ganz bestimmten Stelle vornehmen wollen. Das ist ähnlich wie beim genauen Aufbau eines Schnittes mit einer Zimmermannssäge.

Darübergreifen bei einer Astsäge.

Einen aufgebauten Schnitt mit dem Daumen halten. (Foto von Jeremy Ray)

Durch eine Bügelsäge greifen, damit das Sägeblatt nicht in die Hand rutscht. (Foto von Jeremy Ray)

Den Daumen beim Schnittaufbau an einer präzisen Stelle als Führung nutzen.

Um das Beste aus Ihrer Säge herauszuholen, sollten Sie ein paar Wege zur Effizienzsteigerung beachten. Verwenden Sie die volle Länge des Sägeblatts, vor allem bei Bügel- und Gestellsägen. Ein häufiger Fehler ist, nur in der Mitte zu sägen. Ein weiterer häufiger Fehler, den ich bei unerfahrenen Benutzern von Sägen sehe, ist der Versuch, ein Holzstück zwischen zwei Haltepunkten zu sägen. Wenn der Schnitt tiefer wird, umschließt er das Sägeblatt und klemmt es ein, wodurch das Schneiden deutlich mühsamer oder gänzlich unmöglich wird. Es ist weitaus besser, das Holz so zu positionieren, dass die Schwerkraft einen Teil des Holzes nach unten und vom Rest wegzieht, wodurch der Schnitt geöffnet und das Sägeblatt eher befreit als behindert wird. Sind noch andere Menschen bei Ihnen, arbeiten Sie zusammen, um das Holz festzuhalten, anstatt sich alleine mit einem unhandlichen Stück Holz abzumühen. Ein Kamerad kann helfen, das Holz für den Zuschnitt zum Brennholz zu führen oder die bereits geschnittenen Stücke sofort einsammeln.

Durch das Sägen außerhalb der Stellen, an denen das Holz aufliegt, wird die Säge nicht eingeklemmt.

Das Sägen eines auf einen Bock gelegten Holzes in einem fixen Lager erlaubt effizientes Arbeiten. Ein Freund kann außerdem gleichzeitig das Holz festhalten und für den nächsten Schnitt weiterschieben.

Die Holzstücke so zuschneiden, dass der Überschuss abfällt und der Schnitt für ein freies Sägeblatt geöffnet wird.

Draußen in der Wildnis sind Improvisation und Zusammenarbeit angesagt.

Alternative Anwendung von Bügelsägen

Sägen funktionieren durch die Bewegung der Zähne in der Schnittstelle des Holzes. Die meisten Menschen stellen sich dabei vor, wie die Säge sich bewegt und das Holz ruht. Es geht aber auch umgekehrt: Man kann das Holz bewegen und die Säge fixieren. Das klappt gut mit Bügelsägen beim schnellen Sägen von Holz mit geringerem Durchmesser am Lagerfeuer, ganz speziell, wenn gerade kein Bock oder Ähnliches zum Stabilisieren des Holzes zur Verfügung steht.

1. *Einen dünnen, aber robusten Stock durch den Rahmen einer Bügelsäge legen, dann das Rahmenende in den weichen Boden stecken und mit den Füßen den Stock fixieren.*

2. *Den Rahmen zwischen den Knien halten; nun ist die Säge recht gut fixiert. Das Holz schneiden, indem Sie es an der befestigten Säge auf und ab bewegen.*

1

2

Improvisierte Rahmen für die Gestellsäge bauen

Wenn Sie ein Sägeblatt haben, können Sie eine Säge bauen. Sie können sie sehr ähnlich gestalten wie eine klassische Bügel- oder Gestellsäge, nur mit Materialien direkt aus dem Wald. Welche Sie bauen, hängt sowohl davon ab, was Sie zur Hand haben, als auch davon, ob Sie Zugang zu offenem Feuer haben.

Improvisierte Gestellsäge

Die erste Methode basiert auf Mors Kochanskis Buch Bushcraft. Welche Holzart Sie verwenden, hängt davon ab, wo Sie sind, aber es sollte mit jedem geraden Hart- oder Weichholz klappen. Biegsamere Holzarten verlieren schneller die Spannung als festere. Ist die Holzart biegsamer, müssen die senkrechten Arme dicker sein. . Wie eine Säge aus der Werkstatt verfügt die improvisierte Gestellsäge über zwei Arme und eine Winde zum Spannen des Sägeblatts. Statt eines Querträgers mit Holzverbindung entsteht eine verstärkte Querstrebe, indem zwei Holzstücke entweder mit Klemmknoten oder Würgeknoten (Konstriktorknoten) verbunden werden.

Für die Querstrebe zwei gerade Holzstücke so abschrägen, dass sie an einem Ende flach auf flach zusammenpassen. So entsteht der feste Winkel zwischen beiden Holzstücken. Nun miteinander verknoten.

Eine fertige improvisierte Säge, hergestellt nach der Mors-Kochanski-Methode.

Mors nutzt Klemmknoten, ich finde aber, dass der Würgeknoten sehr gut hält und nicht seitlich verrutscht. Die Querstrebe anhand des Sägeblatts abmessen, denn sie muss die richtige Größe haben, damit die Arme genügend Abstand haben und das gewählte Sägeblatt dazwischen Platz findet. Es gibt ein paar Details zu den Armen zu beachten. Erstens: Um dem Aufbau zu Stabilität zu verhelfen, die inneren Oberflächen ein wenig abflachen, damit die Enden der Querstrebe auf einer geraden Oberfläche liegen, statt sich auf der gebogenen Oberfläche des Holzstücks ausbalancieren zu müssen.

Detailfoto einer abgeschrägten Verbindung zwischen zwei Teilen für die Querstrebe. Die Abflachung an der Innenfläche des Arms beachten.

Blick auf die richtig platzierten Würgeknoten.

Fehler eines Kursteilnehmers. Die Würgeknoten befinden sich über einer Lücke und liegen nicht ganz auf der Oberfläche. Dies führt dazu, dass die Knoten sich später lösen und die Säge auseinanderfällt.

Einen Schlitz unten in jeden Arm schneiden, damit das Sägeblatt hineinpasst.

Zweitens: Unten in jeden Arm einen Schlitz schneiden, damit das Sägeblatt Platz findet. Sichergehen, dass diese richtig, im rechten Winkel zur abgeflachten Oberfläche darüber, ausgerichtet ist. Für den Schlitz ein Gürtelmesser behutsam in das Ende des Arms klopfen.

Die Winde ist ein Holzstück, das als Hebel fungiert, wenn es in die Schnur gesteckt und gedreht wird, was die Spannung der Schnur erhöht und die Arme oben zusammen- und unten auseinanderzieht. Letzteres bringt das Sägeblatt unter Spannung.

Winde im Detail.

Die zweite Methode ist Kelly Harlton's H-Gestellsäge. Sie ist eine Weiterentwicklung von Mors Kochanskis Methode. Statt zwei Querstrebenteilen und einer Winde hat Kellys H-Gestänge eine einzelne Querstrebe und zwei Winden. Ursprünglich wurde die Querstrebe mit V-förmigen Kerben an den Enden versehen und diese in die im rechten Winkel zugeschnittenen Arme eingepasst. Eine neuere Vereinfachung der Methode sind konkav gebogene Enden, die mit den natürlichen Rundungen der Arme übereinstimmen. Letztere hat Kelly mir persönlich gezeigt. Es scheint für die meisten Menschen einfacher, diese schnell und effizient auszuführen.

Detail der Verbindung zwischen Querstrebe mit konkavem Ende und natürlich gerundetem Arm.

Eine Harlton H-Gestellsäge, gefertigt durch den Autor.

Improvisierte Bügelsäge

Die Technik, eine improvisierte Bügelsäge zu bauen, wird seltener angewendet, aber es ist dennoch nützlich, sie zu kennen. Sie können aus einem Stück Holz einen Rahmen bauen, wenn Sie eine Holzart mit passenden Eigenschaften zur Verfügung haben. Ich verwende hierfür gerne Haselnuss oder Weide.

Der Schlüssel ist, einen etwa 2,5 m langen Grünholzstab mit möglichst durchgehendem Durchmesser (ca. 2 cm) zu finden. Er soll zu einer weichen Kurve gebogen werden, was am besten klappt, wenn er astknoten- und knickfrei ist.

Gebogen wird mit Hitze über einem niedergebrannten Feuer mit Glut. Der Bereich in der Mitte des Stabs wird erhitzt, damit er formbarer wird. Er wird nach und nach in Form gebogen, wobei der mittlere Abschnitt normalerweise, wenn auch nicht immer, den Rahmen der Säge bildet.

Der Mittelteil dieses Stabs nimmt die Form einer Bogensäge an.

Die Enden des U-förmigen Holzstücks werden abgebunden und mit dem Sägeblatt wird geprüft, wo es hineinpasst.

Wenn der Mittelbereich des Stabs gebogen ist und eine Bügelsägenform angenommen hat, müssen die Enden des Stabs befestigt werden. Zuerst mit einer Schnur zusammenbinden. Ist die Schnur verknotet, kann sie die Spannung aufnehmen und die Biegung des Stabes halten. Nun entscheiden Sie, über welchen Teil dieses U-förmigen Holzstücks sich das Sägeblatt spannen soll. Legen Sie es an den Rahmen und prüfen, wo es passen würde. Darüber muss vorübergehend eine Winde eingebaut werden, ähnlich wie zum Spannen einer Gestellsäge.

Für die Winde brauchen Sie eine sehr starke Schnur, Paracord ist gut geeignet. Das Anbringen der Winde ist etwas knifflig. Ohne geeigneten Knoten verrutscht die Schnur beim Versuch, sie zu spannen, entlang der Biegung des Holzes. Ich finde, dass Würgeknoten hier gute Dienste leisten. Beginnen Sie mit einem solchen auf der einen Seite des Bogens, dann am anderen Ende des Bogens, wo das Sägeblatt eingepasst wird, die Schnur ebenfalls mit einem Würgeknoten befestigen. Dann zurück zum Anfangspunkt spannen und mit einem dritten Würgeknoten enden. Nun das Holz mit der Winde nach zusammenziehen. Haben Sie mit der Winde die starke Schnur gespannt, hängt die ursprüngliche Schnur am verlängerten U durch. Jetzt könnten Sie das überschüssige Holz abschneiden, da die Bogenform durch die Spannung in der Winde aufrechterhalten wird.

Wenn Sie den Überschuss abgeschnitten haben, haben Sie den Rahmen Ihrer Bügelsäge vor sich. Nun müssen Sie das Sägeblatt einpassen. Dies geschieht mit derselben Technik wie für die Gestellsäge. Der Unterschied ist, dass Sie darauf achten müssen, nicht aus Versehen in die Schnur der Winde zu schneiden. Haben Sie die Schlitze geschnitten, klopfen Sie das Sägeblatt hinein. Ich verwende normalerweise eine Mutter und eine Gewindeschraube an jedem Ende des Sägeblatts, um es zu befestigen. Sie können auch Nägel oder kleine Zahndrahtstücke verwenden – alles, was das Sägeblatt fixieren kann, ohne davon verformt zu werden. Wenn das Sägeblatt an seiner Position ist, können Sie die Winde lösen, um etwas Spannung aus dem Holzrahmen zu nehmen und das Sägeblatt straff und einsatzbereit zu machen. Die Säge kann nun verwendet werden.

Eine fertige improvisierte Bügelsäge.

Messer zum Schnitzen

Wenn es um die Grundsätze des Schnitzens geht, kann fast jede Universalklinge für den Außenbereich verwendet werden, solange sie nur scharf genug ist. Es gibt jedoch Eigenschaften von Messern, die bedeuten, dass sie besonders gut zum Schnitzen geeignet sind. Darüber hinaus gibt es auch spezielle Holzschnitzmesser.

Für den Holzhandwerker ist es sinnvoll, standardmäßig zumindest ein Allzweckmesser mit feststehender Klinge zur Hand zu haben, das sowohl zum Schnitzen als auch für andere Arbeiten im Freien geeignet ist. Sollte das Handwerken mit Holz zu Ihrem Repertoire gehören und Sie aus Gründen des Gewichts oder der Einfachheit nur ein Messer einpacken wollen, dann ist es ein Muss, dass dieses gut zum Schnitzen geeignet ist.

Alternativ können Sie zusätzlich zu Ihrem Allzweckmesser ein spezielles Schnitzmesser mitführen, insbesondere, wenn das Universalmesser für andere Aspekte des Outdoor-Lebens optimiert ist. Als Jäger möchten Sie möglicherweise, dass Ihr Gürtelmesser besser für das Häuten und Zerlegen geeignet ist. Wenn das Messer robust genug zum Batonieren oder Hacken sein soll, ist es zum Schnitzen womöglich zu unhandlich.

Letztlich gibt es bei der Wahl des Messers keine allgemeingültige richtige oder falsche Antwort. Sie ist eine Frage der persönlichen Vorlieben und Anforderungen sowie den Aufgaben, die Sie während Ihrer Outdoor-Zeit mit den Werkzeugen ausführen möchten. Sie sollen eine bewusste und informierte Wahl treffen. Zu diesem Zweck folgen einige Betrachtungen zu Schnitzmessern.

Klingenlänge, Gewicht und Form

Damit sich ein Allzweck-Gürtelmesser für die Holzschnitzerei eignet, sollten wir einige Aspekte berücksichtigen. Zuerst ist da die Klingenlänge. Später werden Sie sehen, dass spezielle Schnitzmesser recht kurz sind. Ebenso verhält es sich mit Allzweckmessern, die sich in dieser Hinsicht als nützlich erweisen. Als Faustregel sollten Sie nach einer Klinge Ausschau halten, die nicht länger ist als Ihre Handbreite. Ist sie größer, wird sie unhandlich.

Ein Allzweckmesser, das nicht länger als Ihre Handbreite ist, ist auch nützlich zum Schnitzen.

Eine Erhöhung von Größe und Gewicht bei größeren Messern, wie den beiden oberen, mag bei einigen Arbeiten von Vorteil sein, zum Schnitzen ist das untere Messer vorzuziehen.

Ein Messer ist ein dreidimensionales Objekt. Wir müssen die Dicke der Klinge ebenso bedenken wie seine Länge. Allzweckmesser, auch jene mit der gewünschten Länge zur Holzbearbeitung, variieren signifikant in ihrer Dicke und damit auch im Klingengewicht. Obwohl sie stark sind, sind Klingen mit einer Messerrückenstärke von mehr als 4 mm eher zu schwer zum Schnitzen. Dünnere Klingen mit wenig bis gar keiner Biegung sind hingegen gut geeignet. In Hinblick auf ein Allzweckmesser bedeutet dies eine Stärke von 2–3 mm.

Diese Klingen haben eine gute Länge als Allzweckmesser zur Holzbearbeitung, aber ihre Dicke variiert von 2–4,5 mm.

Die Form der Klinge ist ein bestimmender Faktor für ihre Funktion. Ein flacher Anschliff, der sogenannte skandinavische Schliff, eignet sich gut für die Holzverarbeitung. Tatsächlich ist dies die bevorzugte Schneidkantenform bei speziellen Holzschnitzmessern. Dies gilt grundsätzlich auch für Allzweckmesser. Darüber hinaus lässt sich ein flacher Anschliff bei einem Allzweckmesser für den Außenbereich leicht vor Ort schärfen. Hinsichtlich der Klingenform eignet sich für die Holzschnitzerei auch eine allmähliche Abschrägung der Schneidkante bis zur der Stelle, an der die Schneidkante auf den Messerrücken trifft – und dort, wo sie sich treffen, gibt es eine feine Spitze. Ist die Klinge sehr bauchig, führt dies zu einer zu schnellen Änderung des Schneidkantenwinkels für glatte Schnitzschnitte und dazu, dass sich in Richtung Klingenspitze zu viel Metall befindet, um feinere Schnitzarbeiten auszuführen.

Diese Messerklinge hat eine graduelle Krümmung der Schneidkante, die nach oben verläuft, um auf die langsame Absenkung des Messerrückens zu treffen und eine recht feine Spitze zu bilden. Insgesamt ist dies ein Allzweckmesser mit zum Holzschnitzen geeigneter Form.

Der Messerrücken und die Schneidkante dieses Messers sind für ein gutes Stück der Länge parallel, vorne mit einem recht scharfen Anstieg an der Schneidkante, um den Messerrücken zu erreichen. Diese Form ist recht bauchig und die Messerspitze nicht besonders fein, wodurch das Messer zum Schnitzen weniger geeignet ist.

Ein Begleitmesser, das der Autor für Handwerksarbeiten, auch das Schnitzen, entworfen hat.

Wir sind nicht alle gleich groß. Ein Allzweckmesser mit einer guten Größe für mich mag für einen kleineren Menschen einen zu dicken Griff und eine zu lange Klinge haben. Andererseits können kürzere Allzweckmesser, die manchmal als Begleitmesser zu einem größeren Gürtelmesser getragen werden, auch für größere Menschen sehr angenehm zum Schnitzen sein.

Spezielle Schnitzmesser

Wenn Sie viel schnitzen wollen, sollten Sie über den Kauf eines speziellen Schnitzmessers nachdenken, zusätzlich zu den Allzweckmessern, die Sie vielleicht einpacken wollen. Das hat den doppelten Vorteil, dass es effizienter zum Schnitzen ist und gleichzeitig einige Einschränkungen für Ihr Allzweckmesser aufhebt.

Spezielle Schnitzmesser haben recht kurze, schmale und dünne Klingen, sogar im Vergleich zu kleinen Allzweckmessern. Schnitzmesser haben oft drehsymmetrische Griffe, damit sie auf unterschiedliche Weisen gleich bequem gehalten werden können. In diesem Fall fühlt sich der Griff immer gleich an, sei es bei einem Vorhandgriff als auch bei einem Rückhandgriff.

Eine kurze Klinge bedeutet, dass die Schnitte nie viel Hebel auf das Handgelenk des Benutzers übertragen, wodurch das Schnitzen sehr kontrolliert erfolgen kann, sogar bei kraftvollen Schnitten. Kombiniert mit einer sehr allmählichen, durchgehenden Biegung ergibt das Messer, die Material präzise vom Werkstück abtragen können. Der Halt wird maximiert, indem das Messer mit einem dicken Griff versehen wird, auch wenn es nur eine kleine Klinge hat.

Ein spezielles Schnitzmesser von Mora. Die Klinge ist kurz, dünn und relativ schmal.

Ein spezielles Schnitzmesser des britischen Messerschmieds Ben Orford. Beachten Sie den dicken Griff im Verhältnis zur Größe der Klinge.

Die Kombination von einem speziellen Schnitzmesser und einem Löffelmesser erlaubt dem Handwerker, verschiedenste Bestecke und Utensilien zur Benutzung im Lager zu schnitzen.

Vergleichen Sie die Klingen der Holzschnitzmesser auf den Fotos oben mit diesem vom Autor gestalteten robusten Allzweck-Messer für die Wildnis, das nicht für das Schnitzen optimiert ist.

Wartung und Pflege Ihres Werkzeugs

Der Unterschied zwischen Pflege und Vernachlässigung. Die zwei Äxte auf dem Bild sind dasselbe Model. Als das Foto aufgenommen wurde, war die linke Axt zehn Jahre alt, weit gereist und gut gepflegt. Die rechte Axt war ein Jahr alt und wurde all die Zeit ohne Pflege draußen aufbewahrt.

Wartung und Pflege einer Axt

Eine gute Axt in traditioneller Ausführung besteht in einigen Teilen aus Materialien, die ein bisschen Pflege benötigen. Wenn Sie gut auf Ihre Axt aufpassen, wird sie Ihnen viele Jahre gute Dienste leisten.

Eine hochwertige traditionelle Axt hat meistens einen Holzstiel. Wie jedes Holz, das draußen aufbewahrt oder benutzt wird, muss auch der Holzstiel vor den Elementen, vornehmlich vor Wasser, geschützt werden. Wenn Sie eine neue Axt kaufen, ist der Stiel mit einer schützenden Schlussbehandlung versehen. Diese besteht oft aus Leinöl und Bienenwachs.

Eine gute Axt hat einen Kopf aus hochwertigem Stahl. Er ist gehärtet, damit das Axtblatt hart ist, nicht leicht schartig wird und eine sehr scharfe, aber auch widerstandsfähige Schneidkante erhält. Dieses hochwertige Stahlstück benötigt auch einiges an Schutz und Pflege, um in erstklassigem Zustand zu bleiben.

Die dritte Komponente, die man in Erwägung ziehen sollte, ist der Schneidenschutz oder die Axtkopfscheide. Bei einer traditionellen Axt wird diese(r) normalerweise aus Leder hergestellt. Wie jedes Leder braucht auch dieses Schutz vor Umwelteinflüssen, damit es in gutem Zustand bleibt.

Diese beiden Äxte wurden gut gepflegt.

Pflege des Axtkopfes

Ihre Axt in Schuss zu halten, bedeutet natürlich auch, sie scharf zu halten. Dies wird später in diesem Kapitel behandelt. An dieser Stelle ist von Belang, wie sie in gutem Zustand und vor Umwelteinflüssen geschützt bleibt.

Der Kopf einer hochwertigen Axt besteht in der Regel aus einem Stahl, der nicht rostfrei ist. Das heißt, dass er leicht rostet, wenn er längere Zeit feucht ist. Das würde sich natürlich sowohl auf die Schlussbehandlung des Holzes als auch auf die Lebensdauer des Axtkopfes negativ auswirken. Daher müssen wir die Axt vor Feuchtigkeit schützen.

Am einfachsten ist es, den Axtkopf einzuölen. Einige Öle sind dazu besser geeignet als andere, aber zur Not ist jedes Öl besser als nichts. Ich persönlich finde Waffenöl, das nach dem Auftragen trocknet, am besten. Es bleibt länger auf der Axt und da es schnell trocknet, wird die Innenseite des Schneidenschutzes nicht fettig. Es überträgt sich auch nicht auf andere Ausrüstungsteile, wenn es im Rucksack steckt. Zuerst den Schneidenschutz abnehmen und dann eine dünne Ölschicht auf das Metall des Axtkopfes auftragen. Überschüssiges Öl mit einem Tuch abwischen. Das Öl trocknen lassen, bevor Sie den Schneidenschutz wieder aufsetzen.

Pflege des Stiels

Der Stiel einer traditionellen Axt besteht normalerweise aus Holz; heutzutage ist das oft Hickoryholz von guter Qualität. Hickory ist ein sehr hartes und widerstandsfähiges Holz, das mit einer schützenden Oberflächenbehandlung noch viel länger hält.

Wir wollen den Zustand des Stiels einer neuen Axt erhalten, wenn nicht sogar verbessern. Auch wenn wir die Behandlung des Stiels ab Werk gegen eine bessere ersetzen können, etwa jene, die traditionellerweise für den Schaft von Waffen verwendet wird, ist das nicht notwendig, um den Stiel in Schuss zu halten.

Die Pflege eines Holzstiels besteht daraus, dann und wann eine Schicht gekochtes Leinöl aufzutragen. Bitte beachten Sie, dass es sich um gekochtes Leinöl, nicht um rohes handeln muss. Rohes Leinöl trocknet nicht so leicht und bleibt klebrig.

Zuerst den Stiel von Staub befreien, dann einfach das gekochte Leinöl auf die bereits bestehende Beschichtung auftragen. Dazu die Flüssigkeit mit einem kleinen Pinsel auftragen. Sobald der gesamte Stiel großzügig benetzt wurde, den Überschuss mit Papiertüchern entfernen. Auf dem Stiel sollte eine dünne Leinölschicht zurückbleiben, diese trocknen lassen. Dieser einfache Vorgang sorgt für eine weitere, hauchdünne Schicht Oberflächenbehandlung und erhöht den Schutz vor den Elementen. Wenn Sie immer wieder einzelne Schichten auftragen, bauen Sie eine hervorragende und widerstandsfähige Schicht auf Ihrem Axtstiel auf.

Pflege des Schneidenschutzes

Wenn Sie einen Schneidenschutz aus Leder haben, braucht er Pflege. Sie müssen bedenken, dass er dazu da ist, Sie und Ihre Ausrüstung vor der scharfen Schneidkante des Axtblatts zu schützen. Der Schneidenschutz muss seine ursprüngliche gute Passform beibehalten und darf nicht lose oder schlampig sitzen. Darum sollten Sie keine Pflege auftragen, die das Leder weich macht oder es über seine ursprüngliche Größe und Form hinaus dehnt.

Wenn Sie den obigen einfachen Schritten regelmäßig folgen, um Ihre Axt zu pflegen, bleibt sie über viele Jahre hinweg in einem Top-Zustand.

Schärfen einer Axt

Universaläxte haben konvexe Fasen (Abschrägungen). Sogar die breiten, schweren Köpfe von Spaltäxten sind an der Fase konvex. Der Vorteil eines konvexen Fasenprofils ist ein größerer Metallquerschnitt an der Schneidkante als bei einem flachen Fasenprofil, was das Axtblatt robuster und weniger schnell schartig macht.

Beim Schärfen der Axt muss die Fasenform bewahrt bleiben. Um das Fasenprofil zu erhalten, muss man so schärfen, dass nicht nur Metall an der Kante abgetragen wird, sondern gleichmäßig über die gesamte Fase. Wenn Sie eine konvexe Fase ganz nahe an der Schneidkante schärfen, entsteht schnell eine Sekundärfase. Das ist unerwünscht und zu vermeiden.

Schleifsteine und Metallfeilen sind die Werkzeuge zum Schärfen einer Axt. Sie haben plane Oberflächen, weshalb sie die Fase immer nur tangential an genau dieser Kontaktstelle berühren. Um Metall von der gesamten Fase abzutragen, muss man daher den Winkel des Steins oder der Feile zur Fase verändern.

Ein weiteres Problem beim Schärfen von Äxten ist, dass die Wange der Axt die Bewegung eines Schleifsteins behindern kann. Wenn Sie einen Schleifstein in allen Winkeln führen, in denen er die Fase berühren kann, hebt und senkt sich das andere Ende des Steins deutlich. Wenn er sich senkt, kann er die Wange der Axt berühren und so das Schärfen der Fase unterhalb der Wange behindern. Infolgedessen ist es besser, einen kurzen, kompakten Stein zu verwenden, der alle zum Schleifen der Fase notwendigen Winkel abdeckt, ohne davon behindert zu werden, dass der Stein andere Bereiche des Axtkopfes berührt.

Wenn wir einen kurzen, kompakten Schleifstein für unsere Axt brauchen, warum nicht einfach einen Taschenschleifstein verwenden? Den haben wir wahrscheinlich ohnehin als Teil unserer Outdoor-Grundausstattung dabei, gemeinsam mit dem Messer am Gürtel. Man kann eine Axt tatsächlich mit einem Taschenschleifstein schärfen, muss dabei aber sehr vorsichtig sein, um sich nicht in die Finger zu schneiden. Diese Steine sind sehr dünn, weshalb beim Halten zwangsläufig die Finger über die Oberfläche hinausragen, was potenziell zu einer Berührung mit der Schneidkante der Axt führt. Dies ist weniger wahrscheinlich, wenn Sie einen kleinen Taschenschleifstein wie eine Feile verwenden, unmöglich wird es dadurch allerdings dennoch nicht, sich zu schneiden.

Ein dickerer Stein lässt sich so halten, dass die Finger nicht über die Steinoberfläche ragen, mit der die Fase der Axt bearbeitet wird. Das verringert die Gefahr, sich in die Fingerspitzen zu schneiden.

Es gibt auch spezielle Schleifsteine für Äxte. Sie sind häufig abgerundet wie Hockeypucks. Alternativ kann man einen (ebenfalls dickeren) Kombi-Schleifstein kaufen und in der Mitte durchschneiden. So haben Sie dann einen Stein, der so lang ist wie ein Taschenschleifstein, aber so dick wie ein größerer, was zum Schutz der Finger beiträgt. Wenn ich die Kante einer Axt von größeren Scharten befreien muss, habe ich dafür meine Metallfeile dabei. Ich bearbeite die Axt erst mit der Feile und gehe zum Schleifstein über, wenn ich das Blatt ausreichend neu geformt habe. Mit einer Feile wird eine Axt bemerkenswert scharf.

Neben einer konvexen Fase haben die meisten Universaläxte auch ein gebogenes Blatt, wodurch eine Krümmung auf

Spezialschleifstein für Äxte in Form von Hockey-Pucks.

Ein in der Mitte durchgeschnittener Kombi-Wasserschleifstein ist ein guter Axtschleifstein.

Eine Feile zum Ausbessern von Scharten und zum Schärfen einer Axt.

zwei verschiedenen Ebenen entsteht. Daraus resultiert eine runde bis ovale Bewegung, wobei der Druck angewandt wird, wenn der Stein zur Schneide hin bewegt wird, was einen effizienten und flüssigen Schärfungsstrich ergibt.

Schärfen Schritt für Schritt

Mit der rauen Schleifsteinseite beginnen, der Kante entlang nach vorn arbeiten und dann von der Kante aus wieder zurück über die Fase arbeiten, dann in einem flacheren Winkel in die andere Richtung zurück schleifen. Wiederholen, bis Metall von der gesamten Fase abgetragen wurde. Noch einige Male ausführen. Dann zur Fase auf der anderen Seite des Axtblattes wechseln und dieselbe Anzahl an Durchgängen ausführen. Es ist wichtig, die Arbeit auf beiden Seiten bestmöglich symmetrisch zu halten, damit die Fase nicht die Symmetrie verliert. Auf diese Weise fortfahren, bis die Axt sich scharf anfühlt. Dann zur feinen Seite des Steins wechseln und den ganzen Vorgang auf beiden Seiten wiederholen.

Wie bei einem Messer kann das Schärfen sehr gut durch Abziehen komplettiert werden, allerdings ist es die Mühe nur bei hochwertigerem Stahl wert. Man kann zwar mit einem Ledergürtel abziehen, aber das fühlt sich sogar bei Forstbeilen schwerfällig an, ganz zu schweigen von größeren Äxten. Nehmen Sie daher ein Abziehleder. Ich stelle selbst meinen Abziehriemen her, indem ich das Leder auf ein Stück Brett klebe. Als Abziehpaste dient eine kleine Menge Metallpolitur.

1. *Den Stein nah an der Kante der Fase führen.*

2. *Von der Schneidkante in Richtung Axtblatt arbeiten, um über die gesamte Fase Metall abzutragen. Die offensichtliche Lücke zwischen Stein und Blatt beachten, die durch die konvexe Krümmung der Axtfase verursacht wird.*

3. *Die Fase auf der anderen Seite schärfen. Auf den ersten Blick sieht es auf allen drei Fotos aus wie dieselbe Fase, aber Achtung: Die Axt in Bild 1 wird mit dem Stiel nach oben gehalten.*

4. *Ein Abziehleder (auf einem Brett) mit Metallpolitur als Abziehpaste über die Schneidkante schieben.*

5. *Das Ergebnis.*

3

1

4

2

5

Schärfen eines Messers

Ein altes Sprichwort besagt: „Dein Geist ist nur so scharf wie dein Messer.“ Ein stumpfes Messer ist ineffizient und je stumpfer es wird, umso ineffizienter und auch gefährlicher wird es. Scharfe Messer sind vorhersehbar. Man weiß, dass sie schneiden, was man von ihnen erwartet. Also müssen wir unsere Messer zu Hause und unterwegs scharf halten.

Das Ziel einer praktischen Schärfmethode ist es, wirkungsvoll eine scharfe Schneidkante zu erhalten, die ihrem Zweck dient. Sie brauchen zumindest einen kostengünstigen Kombi-Ölschleifstein und einen alten Ledergürtel, alternativ einen Japanischen Wasserschleifstein. Große Werkbankschleifsteine werden in der Regel in der Werkstatt oder zu Hause verwendet. Sie sind ziemlich schwer und es wäre definitiv nicht sinnvoll, mit einem solchen Exemplar im Rucksack wandern zu gehen. Wahrscheinlich haben Sie eher einen Taschenschleifstein dabei. Die Prinzipien des Schärfens sind unabhängig vom Stein immer gleich. Sie werden hier mit einem Ölschleifstein als Beispiel erläutert. Bei diesem Stein ist nur die Verwendung von Öl als Schmiermittel speziell. Ansonsten lässt sich die Methodik auf andere Steinarten übertragen, z. B. auf Wasserschleifsteine.

Erste Schritte

Suchen Sie sich eine ebene Fläche, die durch Öl keinen Schaden nimmt. Im Freien ist ein Baumstumpf oder Hackklotz ideal. Den Stein mit der groben Seite nach oben hinlegen und reichlich Öl auftragen. Nun ist er bereit zum Schärfen.

Reichlich Öl auf die grobe Seite des Schleifsteins auftragen.

Den richtigen Fasenwinkel erhalten

Alle Messer haben Fasen. Die Fase ist der Teil der Klinge, der schräg zur Schneidkante hin abfällt. Ein Universalmesser ist in der Regel symmetrisch und hat eine Fase an jeder Seite. Sie müssen Metall von beiden Fasen entfernen, um dort, wo sie zusammentreffen, eine feine Kante zu erhalten. Für den richtigen Fasenwinkel das Messer flach auf den Stein legen und das Messer dann in Richtung Schneidkante neigen, bis der Fasenwinkel bündig mit dem Stein abschließt.

1

2

1. *Das Messer flach auf den Schleifstein legen.*
2. *Das Messer zur Schneidkante hin neigen, bis die Fase bündig mit dem Schleifstein abschließt.*

Das Schärfen

Mit dem Messer am Ende des Steins, das Ihnen am nächsten ist, beginnen. Den Griff in der Hand halten, mit der Sie das Messer verwenden würden; die Schneidkante zeigt weg von Ihnen. Das Messer neigen, bis der richtige Fasenwinkel erreicht ist. Den Druck nur mit den Fingern hin zur Messervorderkante ausüben. Nun das Messer Stück für Stück weg von Ihnen über den Stein streichen.

Die Klinge ist wahrscheinlich länger als die Breite des Steins. Somit müssen Sie das Messer während des Vorwärtsschiebens über den Stein bewegen, um die Gesamtlänge der Klinge abzudecken.

Sie werden feststellen, dass die Klinge sich an der Spitze nach oben biegt und die Fase den Kontakt zum Stein verliert. Um dies zu kompensieren, sollte der Griff des Messers am Ende des Schleifstrichs leicht angehoben werden. Dadurch senkt sich die gebogene Spitze des Messers und berührt den Schleifstein, wodurch der richtige Fasenwinkel beibehalten wird. Um dies exakt zu beherrschen, ist ein bisschen Übung notwendig.

Blicken Sie an der Fase entlang, die Sie gerade über den Stein gezogen haben. Wo Metall entfernt wurde, zeigen sich sichtbare Kratzer oder glatte Bereiche. Wenn Ihre Technik korrekt ist, sehen Sie, dass Metall von der ganzen Fase abgetragen wurde. Wenn nicht, die Winkel wie benötigt anpassen.

Um die Fase auf der anderen Seite zu schärfen, die Schneidkante zu Ihnen drehen und das Messer auf das entfernteste Ende des Schleifsteins legen. Erneut das Messer so kippen, dass die Fase bündig auf dem Stein aufliegt.

1. *Mit den Fingern Druck ausüben und das Messer weg von Ihnen über den Ölschleifstein bewegen.*

2. *Das Messer über den Stein und nach vorne bewegen.*

3. *Den Griff anheben, um zur Messerspitze hin den Kontakt mit dem Stein beizubehalten.*

4. *Von der ganzen Fase sollte gleichmäßig Metall abgetragen worden sein.*

1

2

3

4

5

6

7

8

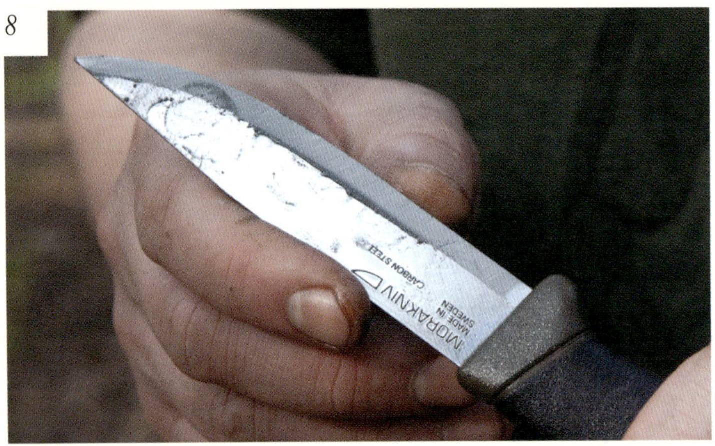

Dann dieses Mal den Druck mit den Daumen ausüben und das Messer in Ihre Richtung ziehen. Wie zuvor das Messer auch hier nach und nach über den Stein ziehen und den Griff zum Ende des Strichs hin anheben, um Metall entlang der ganzen Fasenlänge abzutragen.

Wenn Ihnen dieser Vorgang noch neu ist, prüfen Sie nach einigen Strichen die Fase, um sicherzugehen, dass Sie durchgehend den richtigen Fasenwinkel erreicht haben.

Beim Abtragen des Metalls von der Fase entsteht dort, wo die Fasen an der Schneidkante aufeinandertreffen, ein sehr dünner Metallfaden. Dieser wird erst in die eine, dann in die andere Richtung geschoben, wenn man beide Seiten der Klinge abwechselnd schärft. Wenn Sie mit dem Daumen über die Fase fahren (also nicht entlang der Klinge, sondern quer dazu), können Sie fühlen, wie dieser leicht an den Rillen Ihres Daumens hängen bleibt. Das wird manchmal als Grat oder Drahtkante bezeichnet.

5. *Das Messer wenden, sodass die Schneidkante zu Ihnen zeigt und entlang des Steins vom entferntesten Ende in Ihre Richtung streichen; mit den Daumen Druck ausüben.*

6. *Den richtigen Fasenwinkel und gleichmäßigen Druck aufrechterhalten, während das Messer nach vorne und über den Stein bewegt wird.*

7. *Erneut den Griff anheben, um den korrekten Fasenwinkel in Richtung Ende des Schleifstrichs zu erhalten.*

8. *Regelmäßig prüfen, ob der korrekte Fasenwinkel erreicht wird.*

Schärfmethode

Damit gleich viel Metall von beiden Fasen abgetragen wird, brauchen Sie eine Schärfmethode, bei der Sie die Anzahl an Strichen, mit denen Sie jede Seite der Klinge über den Stein ziehen, im Blick behalten.

Die Methode sollte zu einer zunehmend feinen Schneidkante des Messers führen.

Hier ist eine Anleitung in zehn Schritten, die beides schafft:

1. Mit der rauen Seite des Schleifsteins nach oben beginnen und Öl auftragen.
2. Acht Striche weg von Ihnen ausführen.
3. Das Messer umdrehen und acht Striche in Ihre Richtung ausführen.
4. Die Schritte 2 und 3 wiederholen, bis die Schneidkante sich anfühlt, als hätte sie einen Grat.
5. Einen Strich weg von Ihnen ausführen.
6. Einen Strich in Ihre Richtung ausführen.
7. Die Schritte 5 und 6 noch zehn- bis zwanzigmal wiederholen (z. B. abwechselnd einen Strich weg, einen hin).
8. Zur feineren Seite des Schleifsteins wechseln und Öl auftragen.
9. Die Schritte 2 und 3 noch drei- bis viermal wiederholen (z. B. acht Striche in die eine Richtung, dann acht in die andere).
10. Die Schritte 5 und 6 noch zehn- bis zwanzigmal wiederholen.

Die Fase Ihres Messers sollte nun viel feiner aussehen und die Schneidkante scharf sein.

Auf der feineren Seite des Ölschleifsteins arbeiten.

Ein glatteres Resultat an der Fase nach einigen Strichen auf der feineren Seite des Ölschleifsteins.

Überprüfen, ob das Messer scharf ist

Haben Sie die obigen Schritte befolgt, sollte Ihr Messer nun scharf sein. Eine Kontrolle auf etwaige stumpfe Stellen ist dennoch sinnvoll. Dazu ziehen Sie den Daumen ohne Druck vorsichtig quer über die Schneidkante (nicht der Länge nach!). Eine scharfe Schneide verfängt sich in den Rillen Ihres Daumenabdrucks.

Mit dem Daumen vorsichtig über die Schneidkante streichen, um zu prüfen, ob sie scharf ist.

Sie können dies auch visuell kontrollieren. Richten Sie sich an einer Lichtquelle ein und halten Sie das Messer schräg, um zu sehen, ob das Licht an der Schneidkante reflektiert. Flache Stellen reflektieren mehr Licht als eine scharfe Kante.

Blicken Sie die Kante entlang für etwaige ungeschliffene Stellen, die stumpfe Bereiche anzeigen.

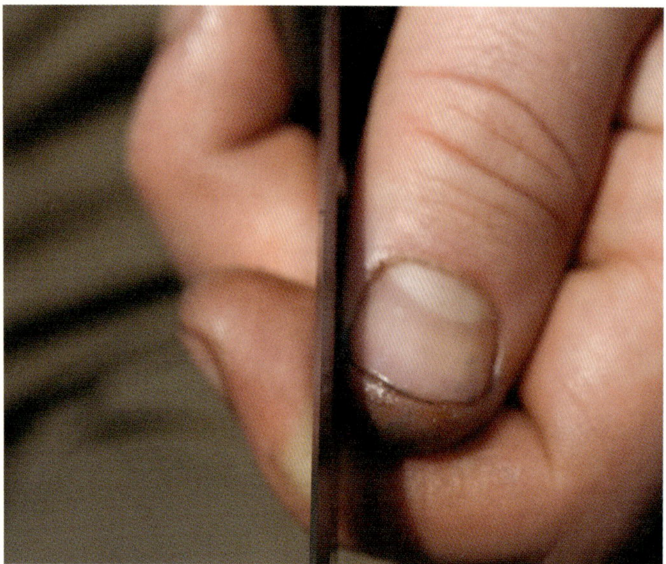

Eine scharfe Kante reflektiert nur sehr wenig Licht.

Die Verwendung von Wasserschleifsteinen

Die zuvor beschriebene Schärfmethode gilt auch für Wasserschleifsteine. Der Hauptunterschied liegt darin, dass man hier Wasser anstelle des Öls verwendet. Um noch deutlicher zu sein: Sie sollten niemals Öl für einen Wasserschleifstein benutzen! Wenn Sie einen Wasserschleifstein zum Schärfen Ihrer Messer verwenden wollen, ist ein Kombi-Stein mit Körnung 1000/6000 ideal. Die 6000er-Seite des Wasserschleifsteins liefert einen feineren Schliff als ein normaler Ölschleifstein aus dem Baumarkt.

Ein Kombi-Wasserschleifstein mit Körnung 1000/6000.

Sie können Ihr Universalmesser mit einem Wasserschleifstein schärfen, aber auch alle Spezialmesser zum Schnitzen, die Sie vielleicht besitzen. Diese haben ebenfalls flache Fasen, weshalb Sie die gleiche Schärfmethode anwenden können, wie beschrieben. Sie müssen den Griff für gewöhnlich nicht so stark anheben, um den Kontakt zwischen der Messerspitze und dem Stein aufrechtzuhalten. Wenn Sie außerdem meinen, dass das Schnitzmesser mit der 1000er-Körnung bearbeitet werden sollte, um es in seinen ursprünglichen Zustand mit flacher Fase zurückzubringen, dann tun Sie dies auf jeden Fall! Ich verwende ab und an die raue Seite, aber oft schleife ich das Messer nur mit der 6000er-Seite und ziehe es dann ab.

Schärfen eines Schnitzmessers an einem Japanischen Wasserschleifstein.

Der letzte Schliff: Abziehen

Um die Schneide zu glätten und etwaige verbliebene Grate zu entfernen, sollten Sie Ihr Messer abziehen. Dafür kann man einen Ledergürtel verwenden, wie ihn viele von uns tagtäglich um die Taille tragen. Wenn Sie nicht Ihren besten Gürtel dazu verwenden wollen, nehmen Sie einen alten oder kaufen Sie einen billigen nur für das Abziehen. Wohltätigkeits- und Secondhandläden sowie Armyshops sind potenzielle Quellen.

Den Gürtel an einem festen Pfosten, z. B. einem Baum, befestigen. Das Messer in die Hand nehmen, mit der Sie es auch normalerweise halten, den Gürtel in die andere. Die Klinge zum Abziehen entlang der unbearbeiteten Innenseite des Gürtels führen, wobei der Messerrücken (mit der scharfen Klinge nach hinten) vorangeht.

Der Winkel sollte gleich sein wie der Fasenwinkel oder knapp darüber liegen, sodass es sich anfühlt, als würden Sie leicht mit dem Grat des Messers über den Gürtel kratzen. Beim Anheben des Winkels jedoch nicht übertreiben, da die Schneidkante sonst abgerundet wird. Gleich wie beim Schärfstein darauf achten, die Klinge über den Streichriemen zu führen, während Sie sie der Länge nach bewegen, um die gesamte Länge der Klinge abzudecken.

Die Streichbewegungen vom Körper weg und zu ihm hin abwechseln. Passen Sie bei den Strichen zu Ihnen hin auf die Hand auf, die den Gürtel hält. 50–100 Striche sind für gewöhnlich genug.

Ihr Messer sollte sich nun rasierklingenscharf anfühlen. Ein letzter Schärfetest ist das Abschneiden der Ecke eines Papierblatts.

1. *Abziehen eines Messers auf einem alten Ledergürtel.*

2. *In der Bewegung vom Körper weg ist der Messerrücken vorne, die scharfe Klinge dem Körper zugewandt. Beachten Sie, dass der Neigungswinkel des Messers leicht über dem Fasenwinkel liegt.*

3. *Beim Strich zum Körper hin ist der Messerrücken dem Körper zugewandt und die Klinge hinten. Denken Sie daran, die gesamte Klingenlänge abzudecken.*

4. *Mit einer rasiermesserscharfen Klinge können Sie die Ecke eines Papierblatts abschneiden.*

Sie finden ein 60-minütiges Gratisvideo über das Messerschärfen unter *wildernessaxeskills.com/resources*

2

3

1

4

Streichriemen

Ein kleiner Streichriemen auf einem Brett, ähnlich wie ein Paddelriemen, den man im Handel erhält, lässt sich leicht herstellen und verwenden. Ist er klein genug, kann man ihn mitnehmen. Nehmen Sie ein altes, dickes Lederstück, etwa von einer Lederjacke oder einem Ledersessel mit Rauleder auf der Rückseite. Nach dem Zuschnitt auf die richtige Form das Leder mit der glatten Seite nach unten (und der rauen nach oben) auf ein ca. 12 mm dickes Stück Holz oder Faserplatte kleben.

Diese Art Riemen kann alleine wie ein Gürtel verwendet werden, aber auch mit einer Abziehpaste. Auch wenn es spezielle Abziehpasten gibt, können Sie ebenso gewöhnliche Metallpolitur verwenden, die Sie vielleicht sogar schon haben. Ich verwende eine leicht erhältliche Autopolitur. Einen kleinen Tropfen der Paste bzw. Politur auf den Riemen auftragen, dann das Messer an den Riemen oder den Riemen an das Messer führen. Ich bevorzuge Letzteres und wende genau diese Methode auch zum Abziehen von Äxten an.

1. *Das Leder auf ein Brett kleben, um einen eigenen Streichriemen herzustellen.*

2. *Eine kleine Menge Abziehpaste oder Politur auf den Riemen auftragen.*

3. *Mit dem Riemen über die Klinge streichen.*

4. *Das Messer umdrehen und die Fase auf der anderen Klingenseite bearbeiten. Abwechselnd auf jeder Seite ein paar Striche schleifen.*

5. *Etwaige Politurreste abwischen und das Messer begutachten.*

6. *Ein scharfes, glänzendes Messer – einsatzbereit für die Holzbearbeitung.*

1

4

2

5

3

6

Schärfen von Löffelmessern und anderen gebogenen Klingen

Das Prinzip beim Schärfen von Löffelmessern ist gleich wie beim Schärfen eines Schnitzmessers. Das Problem, mit dem es sich jedoch auseinanderzusetzen gilt, ist, dass die Klinge eines Löffelmessers gebogen und nicht kerzengerade ist. Beim Blick auf die Klinge eines Löffelmessers fällt auf, dass es nur an der Außenseite dieser Biegung eine Fase aufweist. Das erleichtert allerdings das Schärfen ein bisschen im Vergleich zu einer innenliegenden Fase.

Ähnlich wie sich ein Streichriemen auf einem Brett ganz leicht herstellen lässt, ist es auch hier ganz einfach, das benötigte Schärfwerkzeug zu produzieren. Zuerst benötigen Sie ein gerades Holzstück mit rechteckigem Querschnitt (ca. 12 mm dick und 25 mm breit). Die Kanten an mindestens einer Seite abrunden, dann feines Wasser-/Trockenschleifpapier um den Stab wickeln. Ich verwende eine P600er-Körnung, was gut funktioniert. Das Papier mit Klebstoff, Gummibändern oder Schnüren befestigen. Sobald dies erledigt ist, haben Sie einen Schärfstab für Löffelmesser.

Es ist wichtig, dass der Schärfstab auf einer Seite gerade wie eine Feile ist und an der Kante abgerundet. Aus diesem Grund ist ein Rundholzstück nicht das Richtige, auch wenn es die eine Hälfte der Aufgabe hervorragend erledigen würde. Man benötigt sowohl eine gerundete als auch eine gerade Oberfläche auf dem Schärfstab.

1. *Gerade, an einer oder beiden Seiten abgerundete Holzstücke und Wasser-/Trockenschleifpapier mit Körnung P600.*

2. *Querschnitt des Holzstabs.*

3. *Die fertigen Schärfstäbe.*

1

2

3

Es lohnt sich auch, eine Schärfstation auf einem improvisierten Sockel aufzustellen, um alle notwendigen Schärfwinkel erreichen zu können. Bei der Arbeit auf einer ebenen Fläche wie einer Werkbank lassen sich einige Winkel nicht erreichen.

Es gibt zwei Haltungen, wie Sie das Löffelmesser halten können, um es zu schärfen: eine, um an den inneren Teil der Klinge zu gelangen und eine, um den äußeren erreichen zu können, insbesondere die einzelne Fase. In beiden Haltungen wird der Schärfstab in Richtung des Löffelmessers geschoben.

4. *Einen erhöhten Sockel aufstellen, auf dem Sie arbeiten können. Hier ist dies ein kleiner Baumstamm auf einer Sitzbank.*

5. *Die erste Ausrichtung, um den inneren Teil der gebogenen Klinge mit dem Schärfstab zu erreichen.*

6. *Die zweite Ausrichtung, um den äußeren Teil der Klinge mit dem Schärfstab zu bearbeiten.*

7. *Bei der Arbeit an der äußeren Fase sehen Sie durchgehend an den Spuren an der Fase, dass Metall entfernt wird.*

8. *Außen an der Fase zu arbeiten, erzeugt einen Grat an der Innenseite der Schneide. Er muss verringert oder entfernt werden.*

9. *Wenn Sie an der Fase arbeiten, versuchen Sie, wie auch beim Schärfen anderer Messer, den korrekten Fasenwinkel aufrechtzuerhalten und den Schärfstab so flach wie möglich an der Fase zu halten.*

10. *Sicherstellen, dass die gesamte Fase von einer Seite zur anderen gearbeitet wird; dazu den geraden Teil des Schärfstabs benutzen.*

4

5

6

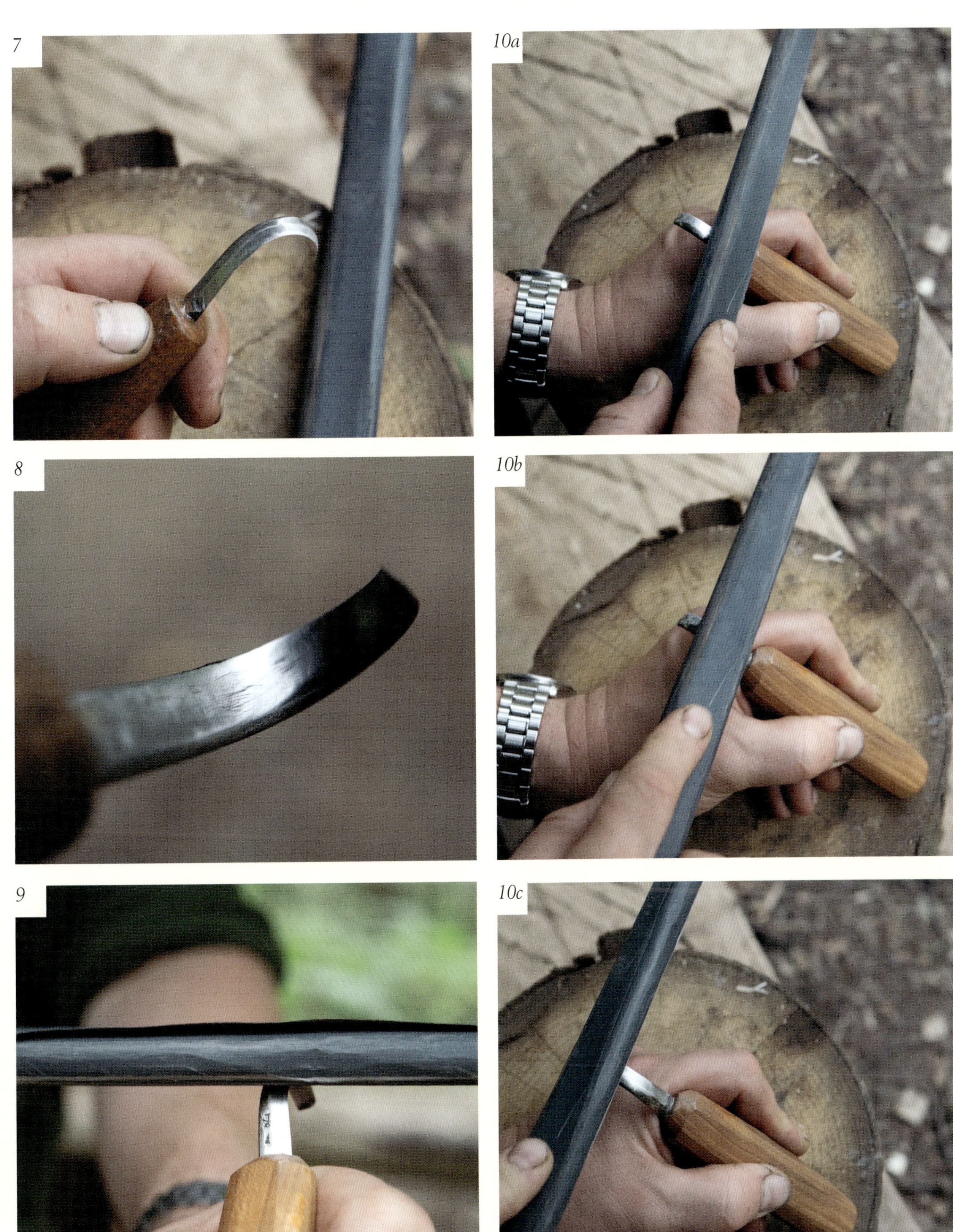
7
8
9
10a
10b
10c

Wechseln Sie wie bei anderen Schärfarbeiten die Seiten, an denen Sie arbeiten, und versuchen Sie, eventuelle Grate zu verringern. Auf Wunsch anschließend abziehen (*siehe unten*). Ein ähnlicher Schärfvorgang ist für viele gekrümmte Schneiden anwendbar, z. B. für Hohleisen und Dechsel. Sie werden sehen, dass die Dechsel die Fase ebenso an der Außenseite der Krümmung hat, was keine große Überraschung sein sollte, da er im Größeren ähnliche Arbeiten wie ein Löffelmesser ausführt. Wenn er geschärft ist, können Sie ihn mit einem Streichriemen abziehen. Beim Löffelmesser lässt sich dieser an der Außen-, nicht jedoch an der Innenseite anwenden. Was Sie jedoch machen könnten, ist einen Streichriemen auf einem Brett in ähnlicher Größe und Form wie den Schärfstab herzustellen. Der Abziehprozess ist der gleiche. Denken Sie daran, dass Sie den Abziehriemen über die scharfe Schneidkante schieben und nicht in sie hineinziehen sollten.

11. Sichergehen, dass Sie mit der gebogenen Oberfläche des Schärfstabs die gesamte Innenfläche der Klinge abdecken.

12. Einen Streichriemen über die Fase einer Dechsel schieben.

13. Ich-Perspektive beim Abziehen der gebogenen Klinge einer Dechsel.

14. Der Glanz der Fase spricht wahrscheinlich für sich: Diese Dechsel war nach einem kurzen Schleif- und Abzieheinsatz viel besser.

11a

11b

11c

13

12

14

Axttechniken für den Alltag

Sicherheitsgrundlagen für den Umgang mit der Axt

Die Sicherheit bei Aktivitäten im Freien, auch das Benutzen einer Axt, ist eine Frage des Risikomanagements. Dieses Risiko kann in zwei Teile geteilt werden: Wahrscheinlichkeit und Schweregrad. Während die Wahrscheinlichkeit, sich mit einer Axt zu schneiden, gleich hoch ist, wie sich mit einem Messer zu schneiden, sind Verletzungen mit der Axt meist schwerer und im schlimmsten Falle sehr kräfteraubend. Eine Axt hat mehr Gewicht, Hebel und Schwung als ein Messer. Außerdem trägt man auf Reisen weniger Schnittschutzkleidung und -schuhe. Unser Schutz vor Verletzungen mit der Axt muss aus Sorgfalt, Aufmerksamkeit und einer sicheren Arbeitsweise entstehen.

Bewährte Methoden zu nutzen, ist gerade an abgelegenen Orten wichtig. Selbst eine kleinere Verletzung kann auf Reisen Probleme nach sich ziehen. Hygiene und Infektionsgefahr sind das eine Thema. Der Verlust einer körperlichen Funktion ein anderes. Äxte verursachen leicht Schäden an Sehnen, Bändern oder Nerven, insbesondere an den Händen. Ein Schnitt in den Muskel führt zu Schwellungen und tut weh, selbst wenn er noch einigermaßen gut arbeitet. Ein Kanupaddel aufgrund eines Schnittes in der Hand nicht mehr ordentlich festhalten oder aufgrund einer Beinverletzung nicht richtig gehen zu können, ist in der Wildnis ein ernsthaftes Problem. Wenn Sie darauf angewiesen sind, sich aus eigenen Kräften fortzubewegen, um wieder nach Hause zu kommen, müssen Sie Verletzungen bestmöglich vermeiden.

Hochwertiger Axtstahl sorgt für robuste, aber sehr scharfe Schneidkanten. Sicheres Arbeiten ist der beste Schutz vor Verletzungen bei der Verwendung dieser hervorragenden Werkzeuge.

Ich befürworte das Wildnistraining auch nahe von Zuhause. Die beste Art, gute Gewohnheiten zu verankern, ist ständige Wiederholung, ohne Ausnahme. Übung sorgt für Beständigkeit.

Ich hebe immer wieder wichtige Sicherheitsaspekte bestimmter Techniken hervor, aber hier folgt eine grundlegende Einführung in Sicherheit mit der Axt. Diese verwenden Sie wahrscheinlich im Lager oder in direkter Nähe dazu. Darum sollten wir hier auch beginnen.

Sicherheit mit der Axt rund ums Lager

Tragen der Axt

Wenn Sie Ihre Axt im Camp tragen, stellen Sie zu Ihrem Schutz und dem Ihrer Mitreisenden sicher, dass der Schneidenschutz montiert ist. Moderne Äxte in Top-Qualität haben sehr hochwertige, widerstandsfähige Axtköpfe mit sehr scharfer Schneide. Mit so einer bestens geschärften Schneidkante auch nur einmal Kleidung oder Haut zu streifen, verursacht bereits kleinere Schäden. Der Schneidenschutz hilft im Alltag, Kleidung und Ausrüstung ebenso vor Schaden zu bewahren wie Ihre Haut.

Ein lederner Schneidenschutz schützt Sie jedoch nicht immer vor der Schneide. Ich habe schon erlebt, wie Menschen die Metallnieten eines ledernen Schneidenschutzes direkt durchschnitten haben, weil sie vergessen haben, die Hülle abzunehmen, bevor Sie mit der Axt auf den Hackklotz geschlagen haben. Sollten Sie stolpern und auf den Axtkopf fallen, wären Sie wohl auch mit Schneidenschutz schwer verletzt. Tragen Sie die Axt darum so, dass Sie niemals direkt darauf fallen können, selbst dann nicht, wenn Sie ausrutschen oder stürzen.

Tragen Sie Ihre Axt mit Schneidenschutz. Um sie sicher und angenehm zu tragen, halten Sie den Stiel direkt hinter dem Axtkopf.

Wenn man die Axt in der Hand trägt, ist es leicht, sie zur Not wegzuwerfen, falls man stürzen sollte.

Seitenansicht. Diese Art des Tragens funktioniert besonders gut bei schwereren Äxten oder solchen mit längeren Griffen.

Ich persönlich klemme mir den Gurt des Schneidenschutzes ungern an meinen Gürtel, wie das manchmal sogar von Axtherstellern empfohlen wird. Abgesehen davon, dass die Axt dann an meiner Seite herumbaumelt (was mich nervt), hängt meine Sicherheit ganz davon ab, dass der Klippverschluss auf dem Schneidenschutz geschlossen bleibt, während Schwerkraft und Axtgewicht dagegenwirken. Die Axt am Schneidenschutz aufzuhängen, dehnt auch den Schutz selbst, was dazu führt, dass dieser mit der Zeit zu locker wird. Ebensowenig stecke ich die Axt in den Schlitz, der bei einigen Hosen seitlich am Bein dafür vorgesehen ist. Ich will keine Axt an meinem Bein befestigt haben, wenn ich ausrutsche oder hinfalle. Außerdem behindert es das Gehen auch auf kurzen Strecken ungemein.

Eine etwas unorthodoxe, vorübergehende Art der Aufbewahrung meines Forstbeils, wenn ich mich im Lager oder meinem Arbeitsbereich bewegen muss, aber freie Hände brauche, ist, den Stiel hinten in meinen Gürtel, zwischen Gürtel und Hose, zu stecken. Der Axtkopf sitzt so über dem Gürtel. Das mache ich aber nur, wenn die Axt mit Schneidenschutz versehen ist. Außerdem rate ich Ihnen nicht, das zur Gewohnheit zu machen, wenn man mit der Axt zwischen Lager und Arbeitsbereich im Wald hin- und herwandert. Wenn Sie etwa an einem Hang abrutschen oder auf die rutschige Rinde eines Stamms treten, verletzten Sie sich wahrscheinlich, wenn Sie auf der Axt landen. Auch im Lager sollten Sie die Axt unbedingt auf eine andere Art tragen, wenn es rutschig ist, etwa im Schlamm oder auf Felsen. Ein Sturz, der sonst nur einen geprellten Hintern nach sich ziehen würde, könnte schlimm ausgehen, wenn zwischen Ihnen und dem Boden noch eine Axt ist.

Eine andere, gut austarierte, recht sichere Trageweise ist der Griff um den Kopf hinter dem Axtblatt mit dem Stiel in der Ellbogenbeuge.

Ein Kursteilnehmer übernimmt eine meiner bevorzugten vorübergehenden Lösungen, die Axt zu verwahren: An der Gürtelrückseite. Lesen Sie im Haupttext über die Vorbehalte.

Auf dieser felsigen Lagerstelle im kanadischen Ontario habe ich meine Axt beiseitegestellt, aus dem Weg für alle anderen Aktivitäten rund ums Lagerfeuer.

Die Axt unbeaufsichtigt lassen

Sie mögen wissen, wo Sie Ihre Axt gelassen haben, andere aber nicht. Hinterlassen Sie sie so, dass niemand darüberstolpern, auf sie treten oder anderweitig mit Ihrer Axt Berührung kommen kann. Auch wenn der Schneidenschutz aufgezogen ist, kann sie jemanden verletzen, wenn nur genug Kraft zum Einsatz kommt. Manchmal müssen Sie Ihre Axt kurz ohne Schneidenschutz verwahren, während Sie etwas anderes erledigen, bevor Sie sie wieder verwenden. Der sicherste Ort dafür ist, sie mit der Schneidkante in einem Baumstumpf oder Baumstamm zu schlagen.

Wenn Sie und Ihre Begleiter mit mehreren Werkzeugen im Wald arbeiten, ist es ratsam, diese gemeinsam an einem sinnvollen Ort zu verwahren.

Hier wurde für eine Pause eine Axt in den Baumstumpf, an dem zuvor gearbeitet wurde, geschlagen. Kein Teil der Schneidkante ragt heraus und die Axt steckt fest genug im Hackklotz, um nicht einfach herauszufallen.

Oft ist es einfacher, die Axt in die Seite des Hackklotzes zu stecken, wo sie in Maserungsrichtung steckt, als sie oben in den Klotz zu schlagen. So bleibt auch die Oberfläche des Hackklotzes frei.

Bei einem Winter-Campingtrip in Schweden wurde eine Schneeplattform für das Zelt zusammengetreten und um einen Platz zur Holzverarbeitung im Vordergrund erweitert, der die Bewegung zum oder vom Zelt oder rundherum nicht stört.

Sich und seinen Begleitern genug Platz lassen

Wenn Sie Ihr Lager planen und aufbauen, bedenken Sie, was Sie mit einer Axt in diesem Bereich machen werden. Müssen Sie Feuerholz hacken? Haben Sie einen Hackklotz? Wie groß ist die Axt, die geschwungen werden soll? Bedenken Sie andere Aktivitäten im Lager, z. B. das Lagerfeuer, die Essenszubereitung und den Abwasch ebenso wie die Wege für die Wasserversorgung, die Verrichtung der Notdurft und die Schlafbereiche. Die Axt sollte nicht zu nahe an den Stellen geschwungen werden, an denen andere arbeiten oder hin- und herlaufen müssen, damit sie nicht gezwungen sind, an einer aktiven Axt vorbeizugehen. Beachten Sie, dass es nicht nur um die an Ort und Stelle verwendete Axt geht, sondern auch um Feuerholz, das vom Hackklotz fliegen und splittern kann. Es stellt sich außerdem die Frage, was passiert, wenn jemand die Axt versehentlich loslässt.

Wohin geht der Schnitt als Nächstes?

Das ist eine Frage, die Sie sich immer stellen sollten, wenn Sie ein Schneidwerkzeug verwenden. Was passiert, wenn ich ausrutsche? Was, wenn es abrutscht? Was, wenn es direkt durch das schneidet, woran ich gerade arbeite? Was, wenn ich nicht treffe? In all diesen Fällen: Wohin geht der Schnitt als Nächstes?

„In einen Körperteil" sollte nie die Antwort auf diese Frage sein! Schon gar nicht, wenn es um die Verwendung einer Axt geht. Handeln Sie wohlüberlegt, insbesondere beim Erlernen, wie eine Axt verwendet wird oder wenn Sie schon eine Weile keine mehr verwendet haben. Um das alte Sprichwort aufzugreifen, das mal Schneidern und mal Tischlern zugeschrieben wird: Zweimal messen, einmal schneiden! Das ist grundsätzlich ein hilfreicher Leitsatz in der Holzbearbeitung, trägt aber auch ungemein zur Sicherheit bei, indem unbedachte Handlungen vermieden werden.

In Maserungsrichtung des Stamms ist die Axt leicht verwahrt. Außerdem steht der Stiel nicht seitlich ab, sodass niemand darüberstolpern kann.

Dynamik einer Axt
Selbst Universaläxte sehr ähnlicher Form, aber verschiedener Größe verhalten sich unterschiedlich. Unterschiede in Stiellänge und Kopfgewicht sorgen für eine Bandbreite an Dynamik. Ein schwerer Axtkopf erhöht die Schwungkraft und ein längerer Stiel den Hebel. Auch wo Sie die Axt halten, ändert ihr Verhalten.

1. *Bedenken Sie die Länge der Axt, die Sie verwenden und welche Ihrer Körperteile in ihrem Radius liegen, wenn Sie sie schwingen.*

2. *Das Forstbeil schwingt ungefähr bis auf Kniehöhe.*

3. *Die Forstaxt steuert auf das Schienbein zu.*

4. *Die Fällaxt bewegt sich zum Knöchel hin.*

5. *Kniet man bei der Verwendung eines Forstbeils, reduziert sich das Verletzungsrisiko für die Kniescheibe oder einen anderen Teil des Beins ungemein.*

1

4

2

5

3

Die Arbeit mit der Lageraxt

Forstbeile sind in den letzten Jahren sehr beliebt geworden. Wie dieses Buch zeigt, können sie ein- oder beidhändig verwendet werden; sie sind für viele Aufgaben einsetzbar – vom Fällen über das Schnitzen bis zum Spalten von Anzündholz – und sie lassen sich hervorragend tragen. Selbst wenn Sie eine größere Axt für leichte Forstarbeiten verwenden, sollten Sie eine kleinere Axt im Lager haben. Forstbeile sind prädestiniert dafür.

Die kompakte Größe eines Forstbeils bedeutet allerdings auch, dass es oft besser ist, es im Knien zu verwenden – sowohl wegen der besseren Körpermechanik als auch aus Sicherheitsgründen. Dies ist insbesondere dann der Fall, wenn der Klotz, auf dem Sie arbeiten, recht niedrig ist, was oft vorkommt. Wenn Sie vor einem Hackklotz im Knien arbeiten wollen, müssen Sie einige Dinge entscheiden – vor allem, wo auf dem Klotz Sie arbeiten wollen.

1. *Bei der Arbeit auf dem Teil des Hackklotzes, der Ihnen am nächsten liegt, bleibt weniger Spielraum, falls Sie den Klotz verfehlen.*

2. *Die Arbeit auf der dem Körper gegenüberliegenden Seite bringt viel mehr Holz zwischen Sie und die Axt.*

3. *Wenn Sie einhändig am Hackklotz arbeiten, insbesondere bei Schneidbewegungen und beim Schnitzen, ist es gut, den Körper nicht mittig vor, sondern auf einer Seite des Hackstocks zu positionieren. Das ist ergonomisch komfortabler, aber auch sicherer.*

4. *In diesem Fall führen Folgebewegungen der Axt nicht zu Ihnen hin, sondern neben Sie.*

1

3

2

4

Passen Sie auf die Finger auf!
Wenn Sie Holz auf einem Hackklotz spalten (*siehe nächste und übernächste Seite*), befinden sich Ihre Hände nicht in der Gefahrenzone. Wenn Sie allerdings schnitzen, müssen Sie das Werkstück festhalten, fixieren oder bewegen, während Sie mit der Axt arbeiten. Dann ist es wichtig, einigen Regeln zu folgen, um das Verletzungsrisiko der Hand zu minimieren, die nicht die Axt festhält.

1. *Beim Schnitzen müssen Sie das Werkstück festhalten. Ein paar Sicherheitsregeln helfen, die Hand zu schützen.*

2. *Verhalten Sie sich, als wären Ihre Finger bereits abgehackt worden. Halten Sie alle Finger weg von der Arbeit, die Sie gerade erledigen. Es ist ganz einfach, die Arbeit mit der geballten Faust zu halten (Finger und Daumen sind eingezogen).*

3. *Die zweite wichtige Regel ist, die Schneidkante der Axt nicht höher zu heben als die Hand, die die Arbeit festhält. So können Sie nie versehentlich in Ihre Hand schneiden.*

1

2

3

Brennholz spalten – grundlegende Techniken

In vielen Situationen ist Brennholz eine tägliche Notwendigkeit. Mehrere Techniken zu kennen, um alle möglichen Größen, die man so braucht, aus verschiedenen Quellen zu produzieren, ist hier wesentlich. Auch die Rahmenbedingungen sind wichtig. In einem halbdauerhaften Lager gibt es mit höherer Wahrscheinlichkeit eine größere Axt und einen besseren Hackklotz. Es mag auch sein, dass aufwendiger gekocht wird. Im Gegenzug dazu entzünden Sie auf einer Wildnisreise eher kleine Feuer und kochen einfachere Gerichte. Sie haben auch wahrscheinlich keine große Axt oder einen ordentlichen Hackklotz. Sommer und Winter bringen auch verschiedene Erfordernisse hinsichtlich der Wärme mit sich.

Brennholz mit einer größeren Axt auf einem Hackklotz spalten

Brennholz auf einem Hackklotz zu spalten ist eines der archetypischen Bilder, die uns bei der Verwendung einer Axt einfallen. Diese Arbeit verrichten Sie seltener in einem Lager für eine Nacht, wenn Sie auf Ihrer Reise umherziehen, sondern eher in einem vorübergehenden oder dauerhafteren Zeltlager, wo man einen Hackklotz in angemessener Größe beschafft hat und ein Bedarf an kontinuierlichem Brennholznachschub besteht. Auch wenn diese Art der Verwendung einer Axt bestimmt vielen geläufig ist – zumindest vom Konzept her – gibt es dennoch einige Feinheiten zu verstehen, um sie effizient und sicher zu verwenden.

Vorerst möchte ich betonen, dass ich die Sicherheitshinweise aus dem vorigen Abschnitt für die Verwendung einer Axt im und um das Lager, als gelesen annehme. Bei der Verwendung eines Hackklotzes möchte ich hier folgendes Detail wiederholen: Wenn Sie das Rundholz, das Sie spalten wollen, auf den Klotz stellen, platzieren Sie es außerhalb der Mitte, so weit wie möglich von Ihnen entfernt. So hat die Axt etwas mehr Platz, um nach dem Spaltvorgang im Nachgang auf dem Hackklotz zu landen.

Um zu beginnen, stellen Sie sich in neutraler Körperposition vor den Hackklotz. Die Axt mit der dominanten Hand nahe am Axtkopf halten. Nahe dem Knauf mit der nichtdominanten Hand halten. Der Axtstiel verläuft quer vor Ihrem Körper (siehe Abbildung 1 auf der nächsten Seite).

Nun den Axtkopf anheben, den Stiel knapp unter dem Axtkopf halten und den Rest des Stiels und die andere Hand folgen lassen (siehe Abbildung 2 auf der nächsten Seite). Gewissermaßen kann man sich das so vorstellen, als würde man anfangen, die Axt nach oben in die Luft zu werfen. Tatsächlich bezeichne diesen Teil der Bewegung oft als Wurf, nicht als Anheben. Das ist besonders bei schwereren Äxten nützlich.

Lassen Sie die dominante Hand den Stiel entlang nach unten rutschen, hin zur anderen Hand, die bereits am Knauf liegt, während Sie die Axt senkrecht nach oben bewegen (siehe Abbildung 3 auf der nächsten Seite). Diese Bewegung mit der Axt vertikal und mit beiden Händen unten am Griff bzw. Knauf fertigstellen. Wenn Sie den richtigen Schwung angewendet haben, um die Axt nach oben zu werfen, sollte es sich anfühlen, als würde sie natürlich zum Stillstand kommen (siehe Abbildung 4 auf der nächsten Seite), während die Hände ihre Position einnehmen. Die Axt bleibt in der Luft stehen, bevor sie sich zu senken beginnt (siehe Abbildung 5 auf der nächsten Seite), wie wenn man einen Tennisball in die Luft wirft, der kurz zum Stillstand kommt, bevor er wieder zu Boden fällt. An diesem Punkt sollte die Axt sich ziemlich schwerelos anfühlen.

Wenn die Axt beginnt zu fallen, markiert dies den Beginn des Abwärtsschwungs in Richtung des Holzes, das zu spalten Sie gerade im Begriff sind. Während dieses Teils der Abwärtsbewegung ist die vordergründige Aufgabe Ihrer Hände, die Axt an ihr Ziel zu führen. Bei einer schwereren Axt oder einem Holzstück, das leicht zu spalten ist, ist das potenziell alles, was es wirklich zu tun gibt. Die Schwerkraft, das Gewicht der Axt und die Schärfe ihrer Schneidkante erledigen den Rest. Außerdem können Sie jedoch der Bewegung der Axt zusätzlichen Schwung verleihen. Diese zusätzliche Beschleunigung, die über die Schwerkraft hinausgeht, kommt aus Ihrem Rücken, nicht aus den Armen.

Sowie die Axt beginnt, durch die Schwerkraft nach unten zu beschleunigen, können Sie die Geschwindigkeit erhöhen, indem Sie den unteren Rücken anspannen und etwas abbiegen, um diesen Schubs in die Arme und auf die Axt zu übertragen. Das muss man ein bisschen üben, aber am Ende zeigt es große Wirkung, genau dann, wenn man sie braucht.

Für eine bessere Vorstellung in Ihrem Kopf betrachten Sie die beiden Sequenzen auf den nächsten Seiten, die sowohl das Werfen als auch den Fall samt Extraschub aus dem Rücken zeigen.

Der Wurf

1. *Ausgangssituation.*

2. *Heben der Axt. Die dominante Hand bleibt nahe am Axtkopf.*

3. *Beim Wurf der Axt nach oben die Hand den Stiel nach unten zur anderen Hand rutschen lassen.*

4. *Sowie die Axt den Scheitelpunkt ihrer Bewegung erreicht, treffen beide Hände aufeinander und übernehmen die volle Kontrolle.*

5. *Die Hände kontrollieren die Abwärtsbewegung.*

2

4

1

3

5

Der Fall (mit Beschleunigung)

1. *Die Axt erreicht den Scheitelpunkt des Aufwärtswurfs.*

2. *Sowie die Axt zu fallen beginnt, den unteren Rücken anspannen und den Hintern nach hinten schieben. An diesem Punkt erinnert die Haltung an die eines Glöckners. Dann kann die Axt effektiv aus der Luft nach unten gezogen und so zusätzliche Beschleunigung erzeugt werden.*

3. *Aufprall. Beachten Sie erneut die Position des Rückens. Wie sehr die Knie gebeugt werden, hängt teilweise von der Höhe des Hackklotzes ab. Näheres lesen Sie später ab S. 80.*

4. *Wenn das Rundholz, das zu Beginn nicht mittig, sondern an den Rand des Hackklotzes (weg vom Axtbenutzer) gestellt wurde, trifft die Axt im Nachgang den Klotz und schlägt nicht daneben.*

1

3

2

4

Anzündholz hacken

Ein weiterer grundlegender Verwendungszweck der Axt ist die Erzeugung von geeignetem Brennmaterial. Am kleineren Ende des Spektrums der großen Bewegungen mit großen Äxten liegt das Hacken von Holz, das klein genug zum Verbrennen ist. Kleineres, trockenes Holz aus größeren Stücken kann vielseitig beim Entzünden und Bewahren von Lagerfeuern verwendet werden. In Situationen, in denen es kein Reisig zum Anzünden oder trockene Stöcke als kleines Brennholz gibt, um ein Feuer entzünden zu können, ist das Spalten von stehendem Totholz eine zuverlässige Methode, um das kleine Brennholz zu erhalten, das Sie brauchen.

Eine andere Situation, in der ich diese Techniken genutzt habe, ist an Campingplätzen in beliebten Freizeitparks, wo Anzündholz rar ist, weil alle offensichtlich herumliegenden kleinen Stöcke schon verwendet wurden. Stehendes Totholz in moderater Größe zu schlagen, abzulängen und zu spalten, liefert den benötigten Brennstoff ohne Aufregung und Stress.

1

2

3

1. *Spaltholz hat im Lager viele Verwendungszwecke.*

2. *Anmachholz, Kleinholz und „Feathersticks“ (Holzlocken) aus gespaltenem Holz in der Taiga.*

3. *Entzünden eines Feuers in der Kälte der Taiga mit gespaltenem Holz.*

Ich lege den Fokus auf diese Art des Holzspaltens, um Material zum Entzünden und Befeuern zu erhalten, aber die Techniken sind nicht auf nur diesen Zweck limitiert, auch wenn Sie sie meistens in dieser Absicht anwenden werden.

Die Grundlagen – Arbeiten auf einem Baumstumpf

Wie in den zuvor zum Thema Sicherheit im Umgang mit der Axt betont, ist die beste Art, das Verletzungsrisiko zu senken, sich mit einer Axt mit kurzem Stiel vor einen niedrigen Hackklotz oder Baumstumpf zu knien.

Die meisten Techniken zum Holzspalten sind sehr dynamisch und erfordern schnelle Bewegungen mit der Axt. Sie erfordern auch ein gutes Zielen, um das Holz an der richtigen Stelle zum Spalten zu treffen. Stellt man ein Rundholz auf und versucht, es zu treffen, wird dies immer schwieriger, je kleiner der Durchmesser des Holzes ist. Es wird auch schwieriger, das Holz überhaupt auf dem Hackklotz aufzustellen.

Die Technik, die ich hier mit Ihnen teile, beinhaltet weniger dynamische Axtbewegungen kombiniert mit einfacherem Zielen. Tatsächlich zielen Sie zuerst, bevor Sie die Axt schwingen.

Sie legen das Axtblatt auf an einem Ende auf das Rundholz. Der Axtstiel verläuft ziemlich parallel zu dem Holz, das Sie spalten wollen, entlang der Linie, an der Sie es spalten wollen.

1. *Vor dem niedrigen Hackklotz knien und das Holz, das Sie hacken wollen, darauflegen und halten. Die Axt in die dominante Hand nehmen, das Axtblatt auf das am weitesten entfernte Ende des Rundholzes legen und Holz und Axt zusammenhalten.*

2. *Seitenansicht der Körperhaltung und wie die Axt auf das Holz gelegt wird.*

3. *Detail, wo das Axtblatt auf das Holz gelegt wird, immer noch auf dem niedrigen Hackklotz.*

1

2

3

4. *Detailaufnahme der Handhaltung. Vermeiden Sie, sich die Fingerknöchel zwischen Axtgriff und Holz anzuschlagen. Das ist leichter, wenn das Holz länger als der Axtstiel ist.*

5. *Nun die Axt samt Holz anheben und zusammenhalten, bevor Sie sie mit mehr Geschwindigkeit wieder auf den Hackklotz schlagen.*

6. *Das Gewicht der Axt in Kombination mit der Schärfe der Schneidkante lässt die Axt im Holz versinken. Oft ist nicht viel mehr notwendig, als das Holz und die Axt zusammen nach unten zu schlagen, um dies zu erreichen. Bei leicht spaltbaren Stücken ist zum Holzhacken nichts weiter nötig.*

4

5

6

Machen Sie sich das Leben so leicht wie möglich: Seien Sie effizient!
Holz mit Astknoten lässt sich schwieriger spalten als solches ohne nennenswerte Knoten. Aus der Sicht des Holzhackens sind sie wie ein Pflock durch das Holz, der es zusammenhält. Darum lässt sich ein knorriger Stamm – auch ein kleiner, relativ dünner – schwerer spalten. Versuchen Sie daher, die am wenigsten knorrigen Holzstücke zu hacken. Das beginnt schon beim Zuschnitt des Holzes auf die gewünschte Länge zum Spalten.

1. *Kiefern und andere Nadelhölzer haben oft Astknotenansammlungen an einem Bereich im Stamm. Entfernen Sie diese von einem Ende des Stücks, das sie hacken wollen. Man kann sie jederzeit verbrennen, wenn das Feuer einmal entfacht ist.*

2. *Eine intelligente Zerteilung des Holzes, das gespaltet werden soll, spart später Zeit und Mühe. Das Hacken zu vereinfachen, macht auch Verletzungen durch die Axt weniger wahrscheinlich.*

3. *Astknotenfreies Holz mit kleinem Durchmesser lässt sich am leichtesten spalten.*

1

2

3

Wenn das Holzstück der Länge nach weitestgehend gesprungen ist, lässt es sich vollständig spalten, indem die Axt das Holz auseinanderstemmt. Gleich beim Erlernen dieser Technik sollten Sie es sich angewöhnen, das Auseinanderstemmen durch eine Bewegung des Holzes und nicht der Axt zu bewerkstelligen. Der Grund dafür ist, dass die Axt im Hackklotz steckenbleibt, nachdem sie durch das Rundholz zum Spalten gedrungen ist. Den Axtgriff in die Horizontale zu bekommen, nachdem das Axtblatt im Klotz stecken geblieben ist, führt dazu, dass man versucht, den gesamten Klotz zu drehen, was den Bereich der Axt, an dem der Kopf am Stiel befestigt ist, unter beachtliche Spannung setzt. Mit der Zeit kann dies dazu beitragen, die Verbindung zwischen Kopf und Stiel zu lockern.

Sobald das Rundholz in zwei Teile gespalten wurde und sich die Maserung des Inneren zeigt, wird das Spalten leichter. Dennoch sollten Sie immer so effizient wie möglich arbeiten und vor allem bedenken, wie leicht es ist, die Platzierung der Axt auf dem Holz beizubehalten.

4. *Hier steckt das Axtblatt im Baumstumpf. Durch das horizontale Verdrehen des Holzes im Verhältnis zur Axt wird der Spalt geöffnet und das Holz fertig gespalten, ohne unnötig Spannung auf die Axt zu bringen.*

5. *Zum Öffnen des Spalts das Holz bewegen, nicht die Axt.*

6. *Es ist leichter, das Axtblatt auf der geraden Seite des Holzes auszubalancieren als auf der gebogenen.*

4

5

6

7. Dieselbe Technik wie zuvor: Die Axt auf dem Holz positionieren, beide in die Höhe heben und mit genug Kraft zum Spalten auf den Klotz schlagen.

8. Erneut daran denken, das Holz zum Öffnen des Spalts zu bewegen; die Axt bleibt unbeweglich.

9. Um Rundholzviertel zu spalten, ist es leichter, die Axt an der gebogenen Seite anzusetzen statt an der Spitze auf der anderen Seite.

10. Bei noch kleineren Stücken kann das Holzspalten über die ganze Länge recht schwierig werden, ohne dass der Schnitt zur Seite hin verläuft. In diesem Stadium das Holzstück auf die Seite legen und von hier aus spalten

11. Mit gut gewähltem Arbeitsmaterial und einer guten, effizienten Technik lässt sich alles bis hin zu ziemlich kleinen Spänen spalten.

12. Beispiele von Brennholzgrößen, die für ein Lagerfeuer benötigt werden.

7

10

8

11

9

12

Umgang mit Schwierigkeiten
Jedes Holzstück ist einzigartig: manche verbergen unsichtbare Astknoten, einige Arten lassen sich leichter spalten als andere. Die Axt geht auch mit dieser Spalttechnik nicht immer durch das Holz wie ein heißes Messer durch Butter.

Zuerst sollten Sie lernen, die Axt aus dem Rundholz zu ziehen, falls es sich nicht spaltet. Wichtig ist dabei, die Finger in Sicherheit und aus dem Weg zu bringen. Die Axt aus einem Stück Holz zu hebeln, ergibt eine exzellente Fingerguillotine. Passen Sie auf, dass die Finger nicht in der Nähe des Axtkopfes sind! Ebenfalls von großem Belang ist, was die Axt tun wird, wenn sie vom Holz befreit ist, wie auf Seite 63 („Wohin geht der Schnitt als Nächstes?") beschrieben. Je mehr Kraft Sie anwenden, umso stärker kann die Axt beschleunigen, sobald nichts mehr im Wege ist. Passen Sie auf, dass die Axt nicht an Ihren Arm oder Ihr Bein kommt, sowie sie frei ist.

1. *Beim Heraushebeln der Axt aus dem Rundholz darauf achten, dass sich die Hände nicht in der Nähe des Axtblattes befinden. Ebenso darauf achten, dass die Axt nicht in Ihre Richtung springt, insbesondere nicht hin zu Armen oder Beinen.*

2. *Eine begonnene Spaltung kann fortgeführt werden, indem die Axt weiter nach hinten versetzt und der Spalt weiter geöffnet wird; die Technik bleibt gleich. Dabei beachten, das Holz zu bewegen, während das Axtblatt über dem Rundholz bleibt.*

3. *Ist das Holz einmal gespalten, zur gleichen Basistechnik zurückkehren.*

4. *Knorrige Holzstücke lassen sich nicht immer sauber spalten. Keine Sorge, denn dieses Holz ist zum Herstellen von Spänen ohnehin nicht gut geeignet!*

5. *Astknoten verursachen bei dieser Technik die meisten Probleme. Auch wenn Sie ein Rundholz mit einem Astknoten in zwei Hälften spalten können, kann so ein Ast dafür sorgen, dass die Hälften schwer weiter zu spalten sind.*

6. *Hier sehen Sie, wie der Knoten direkt durch die andere Seite des Holzstücks führt.*

1

2

3

7. *Um auch Astknoten möglichst gut zu spalten, werden diese für gewöhnlich direkt mit der Axt bearbeitet.*

8. *Um das Spalten erfolgreich fertigzustellen, wird das Stück wieder gedreht, während die Axt unbeweglich bleibt.*

Die oben gezeigte Spalttechnik ist eine der nützlichsten, die ich kenne. Zum Produzieren passender Brennholzgrößen für Lagerfeuer oder Holzöfen ist diese Technik besonders sinnvoll. Es ist sicherlich die am häufigsten genutzte im Camp, sei dies nahe der Heimat oder bei einer Reise in die Wildnis. Ich habe sie bereits bei Kanureisen in Kanada im Sommer und beim Wintercamping im hohen Norden Skandinaviens erprobt.

Auch wenn der Fokus hier darauf liegt, Rundholz zu zerkleinern, das man zum Spalten in der Hand halten kann, können Sie diese Technik auch auf bereits abgespaltete Teile größerer Rundhölzer anwenden. Der Zeitpunkt, zur oben beschriebenen Technik zu wechseln, also das Holz auf den Hackklotz zu legen, ist dann, wenn die Holzstücke nur noch schwer auf dem Hackklotz stehen bleiben und es schwerer wird, sie zu treffen, selbst wenn sie stehen bleiben.

Da diese Technik, auf dem Klotz liegende Holzstücke zu spalten, außerdem weniger dynamisch und somit kontrollierter ist als viele Freihandtechniken, ist sie relativ sicher, wenn man sich auf beengtem Raum oder in der Nähe anderer Menschen befindet.

4

5

6

7

8

Optimale Verwendung eines Hackklotzes

Spalten auf einem niedrigen Hackklotz

Wenn Sie nicht gerade in Ihrem Garten sind, wird der Klotz, den Sie verwenden müssen, oft niedrig sein. Vielleicht war er ursprünglich auch gar nicht als Hackklotz gedacht. In Ihrem Garten wäre es den Aufwand an Zeit und Kraft wert, den Hackstock zu finden, der am besten zu Ihnen passt, mit der Höhe, die für Sie am angenehmsten ist. Hingegen wird das zufällig gefundene gesägte Holzstück, das Sie im Wald oder auf Reisen verwenden, nicht Ihr perfekter Hackklotz von Zuhause sein. Selbst in einem vorübergehenden Lager, das als Basis genutzt wird, kann es gut sein, dass Ihnen nichts außer einem niedrigen Klotz zur Verfügung steht. Es lohnt sich also zu wissen, wie man niedrige Hackklötze am besten nutzt – sowohl in Bezug auf Effizienz als auch Sicherheit.

Holzspalten auf einem niedrigen Hackklotz mit einer kurzen Axt

Unter Beibehaltung der Sicherheitsgrundregeln vom Anfang dieses Kapitels wird die Arbeit an einem niedrigen Hackklotz viel sicherer, wenn man mit einer kurzen Axt vor dem Hackklotz kniet. Beim Holzspalten jedes Stück, das gehackt werden soll, auf die entfernte Seite des Klotzes, weg vom Körper, stellen. So trifft die Axt den Hackklotz, falls Sie zu nah hacken oder das Holz vor Ihnen wegrutscht. Häufig geschieht es aber, dass man zu nahe beim Holzklotz kniet, weshalb das Axtblatt nicht das Holzstück trifft, sondern der Stiel, was zu Schäden am Stiel führt. Beim Schwingen einer Axt, egal welchen Gewichts, neigen die Arme dazu, sich am Ellbogen zu strecken. Wenn Unerfahrene zum ersten Mal mit einer Axt arbeiten, unterschätzen sie häufig, in welcher Entfernung das Axtblatt niedergehen wird.

1. *Das Rundholz, das gespalten werden soll, hinten auf den Klotz zu stellen, bedeutet, dass ausreißende oder zu kurze Schläge immer noch den Hackklotz treffen.*

2. *Hier etwas übertrieben, aber nicht unüblich, ist das Anwinkeln der Ellbogen beim Abschätzen des Schnittes.*

3. *Wenn die Axt mit Kraft geschwungen wird, wird der Arm stärker ausgestreckt. Am Ende trifft der Stiel das Holz – dieses „Übersteuern“ kann möglicherweise den Stiel beschädigen.*

4. *Deshalb besser weiter weg knien und die Arme ausstrecken, um eine realistische Hackbewegung zu simulieren.*

5. *Nun treffen Sie Ihr Ziel.*

1

4

2

5

3

Holzspalten auf einem niedrigen Hackklotz mit einer langen Axt

Wenn Sie eine schwerere Axt mit einem längeren Griff verwenden, um auf einem niedrigen Klotz zu hacken, müssen Sie nicht unbedingt knien. Außerdem kann ein kraftvollerer Schwung im Stehen ausgeführt werden. Aufgrund des Gewichtes der Axt lässt sich die Schwerkraft beim Holzhacken nutzen.

Wie bei der kleineren Axt sollten Sie, wenn Sie das Werkzeug zur Hand nehmen, zuerst ausprobieren, ob Sie in angemessenem Abstand vom Hackklotz entfernt stehen. Vergessen Sie nicht, das Hackgut auf die am weitesten entfernte Stelle auf dem Klotz zu stellen. Bei der größeren Axt, die in Richtung Ihrer Füße nach unten schwingt, ist diese Absicherung durch den Hackklotz wichtig.

Sie können die Sicherheit und Effizienz des Schwungs auch verbessern, indem Sie die Knie beugen, um den Axtstiel waagerechter zu bringen, wenn die Spitze des Axtkopfes das Hackgut trifft. So ändert sich der Weg des Axtkopfes von einem Bogen in Ihre Richtung hin zu einem senkrechteren Schlag in Richtung Block, wenn man die Schulter dreht und die Knie beugt.

Die Korrektur, die durch das Beugen der Knie entsteht, bedeutet, dass die Schneidkante der Axt das Holz gerade nach unten trifft, was in einem wirkungsvolleren Schnitt endet. Außerdem ist dies sicherer, insbesondere bei der Arbeit an einem niedrigen Hackklotz.

Der Schlüssel ist also, so stark wie nötig durchzuziehen und erneut die Schwerkraft voll auszunutzen, die den Axtkopf nach unten zieht. Den Schwung durch Beugen der Knie zu verändern, bringt die Axt auf einen vertikaleren Weg als gerade zu stehen, wobei der daraus resultierende Bogen die Axt in Ihre Richtung und auf den Boden führt, wenn Sie den Schwung von der Schulter aus drehen.

1

2

1. *Gerade zu stehen sorgt dafür, dass die Fällaxt die Oberseite des Rundholzes schräg und mit der Zehe zuerst trifft.*

2. *Ein Beugen der Knie sorgt dafür, dass das Axtblatt mit der Schneidkante gerade auf den Baumstamm trifft.*

3. *Diese Sequenz zeigt einen kraftvollen Schlag mit einer Fällaxt. Durch das Beugen der Knie beschreibt der Axtkopf keinen Bogen zu mir hin, sondern trifft senkrecht auf das Hackgut und spaltet es effektiver und sicherer. (Fotos in dieser Sequenz von John Cummings)*

3a

3c

3b

3d

Feuerholz ohne Hackklotz spalten

Wenn Sie auf einer Reise in der Wildnis sind, z. B. im Sommer auf einem Kanutrip oder bei einer winterlichen Schneewanderung, haben Sie keinen Hackklotz – außer Sie lagern an einem Ort, an dem einer hinterlassen oder aufgebaut wurde.

Es ist nie ratsam, Holz direkt auf der Erde zu spalten, da diese kleine Steinchen und Kiesel enthält.

Fester Fels auf Campingplätzen, wie z. B. dem Kanadischen Schildplateau, ist für das Axtblatt sogar noch gefährlicher. Schnee, der keine feste Fläche bietet, auf der man arbeiten kann, stellt quasi das gegenteilige Problem dar. Auch auf einer platt getretenen Stelle im Schnee, die sich über Nacht ordentlich gesetzt hat, durchstößt das Rundholz bald den Untergrund, wenn Sie es daraufstellen und mit nach unten gerichteten Axthieben schlagen.

Durchgehendes festes Gestein und ein wenig Humus sind charakteristisch für das Kanadische Schildplateau. Beachten Sie die verschiedenen Größen gespaltenen Holzes auf der rechten Seite, die mithilfe der Techniken aus diesem Abschnitt hergestellt wurden.

Abgestorbene Kiefer, in Längen geschnitten für den Zeltofen.

Zur Horizontalen wechseln

Ist vertikales Arbeiten unmöglich, weil die Fläche, auf der Sie arbeiten, zu hart oder zu weich ist, kann horizontales Arbeiten die Lösung bieten. Sie brauchen dazu nur ein paar zusätzliche Techniken. Sie sollten von Anfang an im Hinterkopf behalten, dass diese Techniken dynamisch sind und nur funktionieren, wenn die Axt mit hoher Geschwindigkeit bewegt wird. Sowohl Ihre Sicherheit als auch die der Menschen um Sie herum erfordert, dass Sie sich strikt an die hier beschriebenen Sicherheitstipps halten.

Zwischen den Beinen

Dies ist eine Technik für das Forstbeil. Längere Äxte sind zu lang und Handbeile zu kurz. Die Idee dahinter ist, das Rundholz, das gespalten werden soll, im Schnee, auf den Felsen oder den Boden nahezu waagerecht aufzulegen; dann wird mit der Axt auf die vorne liegende Oberseite des Rundholzes geschlagen – mit Schwung und hoher Geschwindigkeit. Auch wenn die Idee einfach ist, gibt es einige wichtige Details. Die vorne liegende Oberseite (in die Sie mit der Axt hacken) sollte mit einem kleinen Holzstück leicht erhöht werden. Dies bringt einige Vorteile: Erstens hebt es das Ziel vom Boden, was bedeutet, dass Sie weniger wahrscheinlich mit der Zehe des Axtblattes in den Boden schneiden. Zweitens findet die Unterkante an der Rückseite des Rundholzes mehr Halt im Schnee bzw. auf seinem Untergrund, was die Möglichkeit zu verrutschen verringert. Im Schnee kann dieser leichte Winkel über der Horizontalen auch erreicht werden, indem die Rückseite Rundholzes in eine Kuhle im Schnee gelegt wird.

Holzhacktechnik zwischen den Beinen auf niedergetretenem Schnee.

Wichtige Sicherheitstipps:

1. Einen sicheren Bereich finden, weg von Orten, an denen Menschen im Lager werkeln. Stellen Sie sicher, dass Ihre Begleiter wissen, was Sie tun und sagen Sie ihnen, sie sollen Ihnen nicht zu nahe kommen. Insbesondere sollen sie vermeiden, sich in Ihrer Nähe direkt vor oder hinter Ihnen zu bewegen. Wenn Sie den Kopf nach unten gerichtet haben und die Axt schwingen, ist es unwahrscheinlich, dass Sie sehen, wie jemand herankommt. Sagen Sie den Leuten, sie sollen das Brennholz, das Sie spalten, nicht aufsammeln, bevor Sie nicht mit dem Schwingen der Axt aufgehört und Ihr „Okay" zum Herankommen gegeben haben.
2. Wenn ein Rundholz so auf dem Boden platziert wurde, wie Sie es hacken wollen, ist es ein Muss, die Füße breitbeinig so zu positionieren, dass Ihre Fersen nicht hinter der Vorderseite des Holzstückes stehen. So schwingt die Axt hinter Ihren Beinen und trifft im Nachgang nicht noch Fuß, Knöchel oder Schienbein, falls Sie das Holz verfehlen sollten, die Axt abweicht oder in einem unerwarteten Winkel durch das Holz fährt.
3. Denken Sie an das, was Sie treffen wollen (das Holz), und nicht an das, was Sie nicht treffen wollen (Ihre Füße). Wenn Sie mit dem Fahrrad auf einer geraden Straße fahren, landen Sie in dem einen Schlagloch, wenn Sie hineinschauen, anstatt ihm auszuweichen. Setzen Sie den Fokus darauf, wohin Sie wollen, nicht darauf, was Sie vermeiden wollen. Denken Sie bei der Axt also daran, was Sie treffen wollen.
4. Lassen Sie die Axt nicht los! Das mag offensichtlich erscheinen, aber es kann dennoch passieren. Anders als manche glauben mögen, fliegt die Axt nicht weit hinter Sie, wenn Sie sie loslassen. Vielmehr lässt die Griffkraft gegen Ende des Axthiebs nach, wenn die Axt ihren Aufwärtsbogen beschreibt. Wenn Sie sie loslassen, fliegt sie nach oben und beginnt, sich knapp über oder hinter Ihnen zu drehen. Sie sollten sich der Verringerung der Sensibilität und Fingerfertigkeit bewusst sein, die schon dünne Lederhandschuhe mit sich bringen können. Versuchen Sie diese Technik nicht mit Handschuhen, die keinen guten Halt am Axtstiel bieten, etwa mit Woll- oder Synthetikhandschuhen ohne rutschfeste Handfläche.
5. Lassen Sie die Axt keinesfalls teilweise los! Die Axt nur halb loszulassen, ist meist schlimmer, als sie ganz loszulassen. Vielleicht verletzen Sie sich, wenn Sie loslassen, aber Sie verletzen sich ganz sicher, wenn Sie teilweise loslassen, wie unten beschrieben. Mir ist das noch nie passiert, aber ich habe ein Foto vom Ergebnis gesehen. Die Person hielt den Stiel mit nur wenigen Fingern fest. Dadurch konnte die Axt mit den Fingern als Drehpunkt nach oben schwin-

gen. Es endete mit einer tiefen Schnittwunde am unteren Rücken, direkt an der Seite der Wirbelsäule.

6. Entfernen Sie alle eventuellen Riemen, die an der Axt befestigt sind. Riemen, mit denen die Axt am Arm befestigt ist, sind grob fahrlässig. Sie wollen kein scharfes, dreidimensionales Pendel am Ende Ihres Arms, das unvorhersehbar wild zwischen Ihren Beinen herumschlägt.

Warum also sollte man sich bei diesen Sicherheitsbedenken überhaupt mit dieser Technik auseinandersetzen? Nunja, aus Notwendigkeit. Wie beschrieben, gibt es Situationen, in denen Sie keinen Hackklotz haben. Außerdem ist es eine wunderbar effiziente Technik, wenn sie korrekt ausgeführt wird.

Sie sollten die Axt beidhändig halten. Welche Hand oben und welche unten liegt, ist eine Frage der persönlichen Vorliebe. Die meisten Menschen ziehen anfangs die nichtdominante Hand in Knaufnähe (als Führungshand) und die dominante Hand darüber vor, so wie man die Axt üblicherweise mit beiden Händen hält. Aber für diese Technik wird manchmal eine gegenseitige Handhaltung mit der dominanten Hand zum Führen bevorzugt. Gehen Sie auf jeden Fall die Bewegungen zunächst langsam und behutsam durch, um zu prüfen, welche Ihnen die angenehmere Kontrolle verleiht. Das ist Ihre Wahl.

Holzverarbeitung bei einer Winterreise mit Ofenzelt.

1. *Ein Kursteilnehmer nimmt das Holzhacken zwischen den Beinen in Angriff. Ein beidhändiger Griff stellt sicher, dass die Axt in der Körpermittellinie verbleibt.*

2. *Die Axt wird schnell geschwungen und zielt auf einen scharfen und dennoch genauen Einschlag auf die Schlagfläche des Hackguts ab.*

3. *Das Holz wird fast über die gesamte Länge gespalten und ist aufgrund seines geringen Gewichts leicht weggerutscht.*

Sehen Sie sich ein kostenloses Video an, das die Dynamik des Holzhackens zwischen den Beinen zeigt unter ***wildernessaxeskills.com/resources***

1

2

3

Der Seitenschwung
Diese Technik ist für Äxte konzipiert, die länger als das Forstbeil sind und die Sie nicht zwischen Ihren Beinen schwingen können, weil der Stiel so lang ist, dass der Axtkopf in den Boden fahren würde. Wie beim Holzhacken zwischen den Beinen muss der Axtschwung schnell sein. Ich mag diese Technik vor allem mit einer Forstaxt, weil das geringere Gewicht im Vergleich zu einer Fällaxt bedeutet, dass die Axt schnell beschleunigt. Für mich ist das von besonderer Relevanz, weil die Forstaxt meine Lieblingsgröße für Winterreisen in die Tundra ist.

Wie die Zeiger einer Uhr bewegt sich die Axt umso höher über dem Boden, je weiter sie sich von der „Sechs-Uhr-Position", die man beim Hacken zwischen den Beinen einnimmt, entfernt. So erreichen Sie die Bodenfreiheit, die Sie bei längeren Äxten brauchen, indem Sie die Axt seitlich von Ihren Beinen statt dazwischen schwingen. Die Frage, die sich stellt, ist dann: Auf welcher Seite? Die meisten Menschen halten natürlicherweise ihre nicht-dominante Hand nahe am Knauf und die dominante Hand darüber, näher am Axtkopf. Das bedeutet, dass das Schwingen der Axt zur Seite der nicht-dominanten Hand der richtige Weg ist. Wie bei anderen beidhändigen Techniken finden es manche Menschen dennoch natürlicher, die Axt zur anderen Seite zu schwingen, mit vertauschten Händen. Schwingen Sie die Axt auf jeden Fall auf die Seite der Hand, die dem Ende des Stiels am Nächsten ist.

Das Rundholz auf den Boden oder Felsen oder in den Schnee legen. Die Vorderseite wie zuvor anheben. Dann muss abgeschätzt werden, wie weit entfernt vom Rundholz man stehen muss, damit die Axt den richtigen Abstand vom Boden hat, um das Holz wie gewünscht zu treffen und das Spalten zu beginnen. Dabei sichergehen, dass die Fersen nicht hinter der Vorderseite des Hackguts stehen. Sobald Sie dies vermessen und sich in Position gebracht haben, die Axt heben und schnell und knackig führen.

Wichtige Sicherheitstipps: Die Sicherheitstipps sind weitestgehend gleich wie für die Technik zum Holzhacken zwischen den Beinen. Stellen Sie insbesondere sicher, dass Ihr Arbeitsbereich sicher ist und dass Ihre Begleiter genug Abstand halten. Falls Sie die Axt hier versehentlich loslassen, fliegt sie weiter als bei der Technik zwischen den Beinen – achten Sie daher darauf, dass der Bereich hinter Ihnen frei ist. Aus meiner Sicht ist es leichter, die Axt so zu führen, da die Beine gegen Ende des Schwungs die Arme nicht behindern wie bei der vorigen Technik. Hier kann man die Arme mit der Axt durchziehen. Machen Sie daraus aber keinen Golfschlag! Die Axt soll nicht hinter Kopf und Rücken herumschwingen. Denken Sie vor dem Schlag daran, sich vor der Vorderseite des Hackguts aufzustellen, um es unmöglich zu machen, dass die Axt gegen die Beine schlagen kann.

1. *Die korrekte Position für den Seitenschwung. (Foto von Craig Taylor)*

2. *Ein schneller Schlag mit der Forstaxt und der Stamm ist gespalten. (Foto von Craig Taylor)*

1

2

Einige Hinweise

Hier sind einige Tipps als Hilfe zu diesen dynamischen Techniken.

Wie so oft bei Bushcraft ist die Wahl des Materials wichtig. Diese Techniken funktionieren besser bei Holz mit relativ gerader Maserung und verhältnismäßig wenigen Astknoten. Wenn in dem Holz, das Sie verarbeiten, vorhersehbare Knoten sind, etwa gleichmäßig angeordnete Astknotenringe wie bei Kiefern, sägen Sie das Holz so, dass der Knotenring an einem Ende des Rundholzes liegt, anstatt in der Mitte. Dann zuerst auf der gegenüberliegenden Seite der Astknoten hacken.

Diese auf den vorigen Seiten beschriebenen Techniken hängen von der Trägheit des Holzes ab. Darum muss die Axt schnell bewegt werden. Sie dringt in das Rundholz ein, das Holz spaltet sich, noch bevor es Fahrt aufnehmen könnte, um dem Schlag auszuweichen. Diese Verfahren sind besser für schwerere Holzstücke geeignet; ist das Holz zu leicht, beschleunigt es zu schnell.

Je länger das Holzstück ist, umso schwieriger wird es, das Stück vollständig durchzuhacken. Als Faustregel würde ich sagen, dass man sich das Leben mit Hackgut schwer macht, das 60 cm Länge übersteigt, anstatt es kürzer zu sägen und öfter zu spalten.

Je kleiner der Zielbereich am Ende des Hackguts ist, umso schwieriger werden diese Techniken. Dies liegt teils an der oben ausgeführten Trägheit, da das Rundholz weniger Masse aufweist. Es liegt aber auch an der Präzision, die notwendig ist, um zu treffen. Man kann sich ein hohes Maß an Genauigkeit für diese Techniken aneignen. Bei einigen Holzarten reicht ein Schubs mit der Axt und das Holz ist gespalten. Gleichermaßen sind Zeit und Energie wichtige Ressourcen, insbesondere wenn man durch die Wildnis reist. Können Sie das Hackgut mit einer Hand hochheben, würde ich zur Handspalttechnik raten (siehe S. 71–77).

Versuchen Sie, das Holzstück eher in der oberen Hälfte zu treffen statt in der Mitte. Der Spalt soll sowohl nach unten durch das Hackgut als auch durchgehend nach ganz hinten verlaufen. Beginnen Sie lieber außen als in der Mitte. Bei kleineren Holzstücken kann dies bedeuten, dass sie besser nur mit einem Teil statt mit der ganzen Axtschneide zerkleinert werden.

Wenn das Holz sich nicht mit dem ersten Schlag spalten lässt, entfernen Sie die Axt, legen falls nötig das Hackgut wieder in Position und versuchen es erneut. Dabei in einer Linie mit dem bereits erfolgten Schlag hacken. Wenn das Stück sich nur teilweise (und nicht bis zum Ende) spaltet, das Holz umdrehen und vom anderen Ende aus hacken und versuchen, in einer Linie mit dem teilweise erfolgten Spalt am anderen Ende zu treffen, damit die beiden aufeinanderstoßen.

Der Baumstumpf für Opportunisten

Oft muss man stehendes Totholz vom Ort des Fällens zum Lagerplatz schleppen. Manchmal liegen beide Orte aber auch in der Nähe und dann bringt das Entasten, Schneiden und Spalten dort, wo gefällt wurde, einige Vorteile mit sich. Einer davon ist, dass man den Baumstumpf des gefällten Baumes als Hackklotz verwenden kann, auch wenn sein Durchmesser nicht viel größer als das Hackgut und recht niedrig ist. Dazu die Oberseite des Baumstumpfes absägen, um die Überbleibsel vom Fällen zu entfernen, damit die Oberfläche eben und waagerecht ist. So lässt sich nicht nur das Holz des Baumes, den Sie in Campnähe gefällt haben, leichter verarbeiten, sondern auch anderes Brennholz, das Sie in den Bereich des Lagers bringen.

Dieser kleine Hackklotz ist der Stumpf eines Baumes, den wir nahe unseres Camps gefällt haben.

Verwenden eines Baumstumpfes zum Hacken von Anmachholz.

Kleine Scheite und Anzündholz – Spalten per Hand ohne Hackklotz

Im Gegensatz zu anderen Techniken zum Holzspalten, die davon abhängen, dass das Hackgut auf einer geraden Oberfläche austariert zu liegen kommt, erfordert diese Technik, die ich bereits weiter oben in diesem Kapitel vorgestellt habe, diese ebene Oberfläche nicht. Man kann auf einem anderen Stamm arbeiten, sogar auf einem relativ kleinen.

An dieser Stelle ist jedoch Vorsicht geboten: Achten Sie darauf, dass die Axt nicht weiter in Richtung Boden fährt, nachdem das Holzstück gespalten ist – die Axt könnte auf felsigem Grund möglicherweise Schaden nehmen. Auch weiche Erde enthält Steine und Sandkörner, die imstande sind, die Schneidkante zu beschädigen oder stumpf werden zu lassen. Um die Schneidkante der Axt zu schützen, ist es wichtig, dass sich das Axtblatt über dem Stamm befindet, auf dem Sie spalten. Außerdem sorgt ein Aufrechterhalten der Ausrichtung des Axtblatts für die beste Kraftübertragung auf das Hackgut.

1. *Dieselbe Technik wie zuvor anwenden – nun jedoch auf einem liegenden Stamm mit kleinem Durchmesser.*
2. *Auf die Ausrichtung von Axtblatt, Hackgut und Stamm achten.*
3. *Hackt die Axt vollständig durch das Rundholz, trifft sie auf den darunterliegenden Stamm und nicht auf den Boden.*
4. *Wenn Sie den Spalt verstärken müssen, verschieben Sie das Holz, damit das Axtblatt über dem Stamm bleibt.*
5. *Selbst beim Holzhacken quer zur Maserung des darunterliegenden Stammes kann die Axt stecken bleiben.*
6. *Wie immer bleibt die Axt an ihrem Platz und nur das Hackgut wird für die Hebelwirkung des Axthiebs gedreht.*

1

2

3

6

4

Ein Kursteilnehmer wendet die Lektion an, zu nutzen, was er findet, um darauf statt auf dem steinigen Untergrund zu hacken. (Foto von Ray Goodwin)

5

Oben: Wintercamping in Nordschweden. Beachten Sie das gespaltene Brennholz im Vordergrund einschließlich der Baumstämme, die unter Anwendung der Techniken in diesem Abschnitt noch zu spalten sind.

Unten: Im Ofenzelt werden Anzündholz und andere Brennholzgrößen ordentlich neben dem Ofen aufgestapelt.

Größere Stämme mit kleiner Axt spalten

Auf Reisen ist es unwahrscheinlich, eine Spaltaxt zur Hand zu haben, wenn man nicht gerade in einer Hütte verweilt, in der es bereits eine gibt. Es ist viel wahrscheinlicher, eine Universalaxt mitzuhaben. Dabei handelt es sich höchstwahrscheinlich um ein Forstbeil oder eine Forstaxt. Vielleicht möchte oder muss man dennoch recht großes Hackgut zu Brennholz verarbeiten. Ein weiteres Szenario, das Schwierigkeiten bereiten kann, ist Brennholz, das zwar nicht besonders groß, dafür aber umso knorriger und somit schwierig mit einer Universalaxt zu spalten ist.

Darum ist es nützlich, für die Universalaxt noch ein paar Tricks im Ärmel zu haben. Natürlich kann man mit der Axt batonieren. An anderer Stelle in diesem Buch zeige ich auch, wie man einen kräftigen Hammer herstellt (siehe S. 124–127), der dafür sehr gut geeignet ist. Auch Holzkeile helfen beim Spalten von störrischem Holz. Die müssen wir natürlich erst herstellen (dies wird ab S. 122 gezeigt). Aber das kann sich lohnen, wenn es eine große Menge schwieriges Holz zu hacken gilt, ebenso, wie man sie verwendet, um längeres Hackgut der Länge nach zu spalten (siehe S. 120).

Was aber tun, wenn uns bei unserem üblichen Brennholzmachen gelegentlich ein Holzstück unterkommt, das für unsere kleine Axt ein bisschen zu groß ist? Nun, wir können die (wie ich sie nenne) „Kopfübertechnik" anwenden. Denken Sie daran, dass kleine Äxte relativ leicht sind – das ist einer der Gründe, warum wir sie auf Reisen größeren, schwereren Äxten vorziehen. Mit beschränktem Axtkopfgewicht und einem schmalen Querschnitt im Vergleich mit Spaltäxten gibt es allerdings Limits für unsere Reiseäxte.

Die Kopfübertechnik

Auf die Erkenntnis, dass das Hackgut erheblich mehr wiegen könnte als die Axt, die es spalten soll, folgt ein nützliches Umdenken: Die Schwerkraft ist hier unser Freund. Anstatt zu versuchen, eine leichte Axt nach unten durch ein schweres Rundholz zu treiben, ist es sinnvoller, das schwere Rundholz nach unten auf die Axt zu führen. Ich schlage hier nicht vor, die Axt irgendwie am Boden oder am Hackklotz zu fixieren und mit Holzscheiten zu bewerfen. Die Vorgehensweise ist folgende: Nachdem Sie bestmöglich versucht haben, das Rundholz zu spalten, insbesondere dann, wenn die Axt fest darinsteckt, ist es relativ einfach, die Axt mit dem Holz hochzuheben, umzudrehen und mit dem Holz nach oben und dem Axtkopf nach unten wieder auf den Hackklotz fallen zu lassen (siehe Abbildungen S. 93).

Größeres Rundholz lässt sich mit kleinen Äxten in Kombination mit Hammer und Holzkeilen spalten.

Hier gilt es zwei Dinge zu schützen: Erstens Ihren Rücken. Zweitens Ihre Axt. Die Gefahr ergibt sich für beide aus der Hebelwirkung. Da der Stamm, mit dem wir es zu tun haben, ja recht schwer ist, müssen wir uns beim Anheben klug anstellen, um sowohl Werkzeug als auch Gesundheit zu schützen und energieeffizient zu arbeiten.

Das Anheben, wie ich das nenne, ist eine Fortführung dessen, wie man einen Axtkopf effizient hebt. Anstatt zu versuchen, Axt und Hackgut vom einen Ende des Stiels aus anzuheben, wird die Hand nach vorne geschoben, damit sie möglichst nahe am Kopf ist. Dadurch werden Handgelenk und Unterarme weit weniger belastet und das Anheben des gesamten Pakets aus Axt und Rundholz fühlt sich viel leichter an. Diese Methode verlängert das Leben der Axt, indem sie weit weniger an der Verbindung zwischen Kopf und Stiel beansprucht wird.

Ist die Hand nahe am Axtkopf, den Körper näher an Axt und Rundholz heranbringen, um sie anzuheben. So entsteht weniger Zug an der Schulter und weniger Hebel im Rücken. Im Grunde schieben Sie sich in einer flüssigen Bewegung während des Anhebens unter die Axt und das Hackgut.

Ein Sicherheitsgebot ist hier jedoch, das Gesicht beim Anheben nicht über den Axtkopf zu bringen, denn sollte dieser sich vom Hackgut lösen, heben Sie plötzlich etwas viel Leichteres mit übermäßiger Kraft an – und mit dem Nacken einer Axt möchte man sich nicht ins Gesicht schlagen!

Die Kopfübertechnik: Das Anheben
In der folgenden Fotoserie zeige ich das Anheben. (Fotos von Amanda Quaine)

1. *Nachdem ich meine Forstaxt in diesen Stamm geschlagen habe, ist sie stecken geblieben, das Holz ist aber nicht gespalten.*

2. *Ich trete näher, die Hand rutscht in Richtung Axtkopf.*

3. *Ich schiebe meine Hand möglichst weit nach vorne.*

4. *Während ich die Axt mit festem Griff packe, beuge ich meine Knie und meinen Arm und nehme die Belastung auf.*

5. *Mit dem linken Fuß herantretend, beginne ich nun, die Axt nach oben und weg von dem Baumstumpf, hin zu meinem Körper zu ziehen.*

1

2

3

4

7

5

8

6

6. *Während ich meinen Ellbogen zu meinen Rippen ziehe, verharrt mein Arm in einer relativ kraftvollen Haltung, um das Gewicht von Axt und Hackgut aufzunehmen.*

7. *Meinen Körper leicht drehend, bringe ich Axt und Stamm in eine Position, in der ich sie flüssig bis auf Schulterhöhe heben kann.*

8. *Mit dem Schwung, den ich im ersten Teil der Bewegung erzeugt habe, bringe ich das Hackgut und die Axt bis zu meiner Schulter, während ich den Ellbogen darunter bewege, damit der Arm in senkrechter Position fixiert ist. Dabei ziehe ich auch etwas am Ende des Stiels nach unten, was für ein gewisses Maß an Hebel und Kontrolle sorgt.*

9. *Ich richte meine Beine und meinen Rücken auf, während ich zusätzlich meinen rechten Arm etwas weiter hebe, während ich den Linken sinken lasse; so wird das Anheben an einer Stelle beendet, an der ich beginnen kann, die Axt mit dem darauf steckenden Rundholz mit dem Axtnacken voran nach unten auf den Hackklotz fallen zu lassen.*

10. *Schließlich, wenn Axt und Rundholz nach vorne kippen, beuge ich Taille und Knie, bereit für den Fall.*

9

10

Die Kopfübertechnik: Der Fall
Der Autor demonstriert diese Technik mit einem Forstbeil bei einer Bushcraft-Veranstaltung in Großbritannien. (Fotos von Martin Tomlinson)

1. *Sowie Rundholz und Axt von meiner Schulter nach vorne gezogen werden, lasse ich die Hand vom Axtkopf nach hinten gleiten. Ich gehe ziemlich in die Knie, da ich an einem niedrigen Hackklotz arbeite. Ziel ist, die Axt mit dem Nacken nach unten mit waagerechtem Griff und mit dem Hackgut senkrecht auf der Axtschneide landen zu lassen.*

2. *Der Moment des Aufpralls. Die Axt bremst abrupt auf dem Hackklotz ab; das sich darauf befindliche Hackgut spaltet sich durch den Schwung.*

3. *Die beiden Hälften des gespaltenen Hackguts werden durch die Kraft des Aufpralls auseinandergeschleudert. Beachten Sie den horizontalen Axtstiel.*

Ein paar abschließende Anmerkungen zu dieser Technik: Die erste betrifft die Sicherheit. Es besteht die Gefahr, dass Umstehende durch das herumfliegende Hackgut getroffen werden. Wie immer sollte auch hier auf genügend Platz um Sie herum geachtet werden. Zweitens, verbunden mit erstens: Je weniger senkrecht die Axt auf den Hackklotz trifft, umso geringer ist die direkte Kraftübertragung auf die Schneidkante und umso mehr Bewegung überträgt sich auf das Hackgut, das sich von der Spitze des Axtkopfes wegdreht. Wenn die Axt auf dem Hackklotz aufschlägt, sollte sich die gesamte Einheit aus Axt und Hackgut vertikal bewegen. Dies verringert auch die Wahrscheinlichkeit, dass das Holz weit fliegt.

Vielleicht fragen Sie sich, was Sie ohne Hackklotz anstellen sollen? Gute Frage, aber bedenken Sie, dass Sie mit der Kopfübertechnik höchstwahrscheinlich große Holzstücke spalten. Verwen-den Sie eines davon als Hackklotz. Haben Sie nur ein großes Rundholz, behalten Sie es als Hackklotz, um kleineres Hackgut darauf zu spalten.

1

2

3

Fällen und Entasten kleiner Bäume

Hier wird das Fällen kleiner Bäume beleuchtet. Unter „klein“ verstehe ich Bäume mit einem Gewicht, das man nach dem Fällen auch tragen kann. Sie wiegen nicht viel, also muss man im Gegensatz zu größeren und schwereren Bäumen auch nicht allzu viel hinsichtlich Fällschnitten und Sicherheitsvorkehrungen bedenken. Dieses ernste Thema behandeln wir im nächsten Kapitel (siehe ab S. 102).

Das bedeutet aber nicht, dass man bei kleinen Bäumen einfach sorg- und gedankenlos draufloshacken kann. Auch hier gibt es einige Optionen in der Werkzeugwahl: Die ganze Arbeit lässt sich mit der Bügelsäge oder der Axt verrichten. Einige Aufgaben gehen mit einer kleinen Astsäge viel leichter von der Hand. Viele kleine Fällungen können schnell und leicht mit der Axt ausgeführt werden, vorausgesetzt, man hat direkten Zugang zu dem Baumstamm, der entnommen werden soll. Eine handgelenksdicke Birke braucht zum Beispiel nur ein paar schnelle Schläge von rechts, dann die Axt in die andere Richtung halten (mehr über Äxte, die mit beiden Händen verwendet werden können, finden Sie ab Seite 117) und von links ein paar Schläge durchführen, gefolgt von ein paar weiteren Schlägen von links unten in denselben, v-förmigen Schnitt.

Ein freier Zugang ist jedoch nicht immer gegeben, einfach weil mehrere kleine Bäume dicht an dicht wachsen, wie das oft bei Birken der Fall ist, oder weil mehrere Triebe aus demselben Wurzelsystem wachsen, wie so oft bei Hasel und Weide. Außerdem müssen wir beachten, ob die Materialien, die wir entnehmen wollen, Teil einer Kurzumtriebsplantage sind, wie man sie manchmal in europäischen Wäldern vorfindet.

Auch wenn der Baum nicht auf den Stock gesetzt (also bis auf den Stock zurückgeschnitten und so wieder zum Austreiben gezwungen) wurde, fragen Sie sich, ob die Baumart davon profitieren könnte, wenn Sie genug zum Nachwachsen belassen würden. Einige weitverbreitete Arten, darunter Hasel, Weiden und einige Birkenarten, können viele Triebe aus einem Baumstumpf nachwachsen lassen, wenn dieser in gutem Zustand hinterlassen wird.

Links: Viele Stämme und Triebe wachsen aus demselben Wurzelsystem dieser Europäischen Hasel.

Eine Art, die nahe der Gebiete vorkommt, in denen ich unterrichte, und die traditionellerweise auf den Stock gesetzt wird, ist die Edelkastanie *(Castanea sativa)*. Sie wächst zu einem großen Baum von eichenähnlicher Statur heran, wenn sie unbehelligt bleibt, aber wenn sie einmal geschnitten wird, wachsen mehrere Triebe aus demselben Wurzelstamm.

Der Stamm eines großen Edelkastanienbaums, der nie auf den Stock gesetzt wurde.

Viele Stämme, die aus ein und demselben, mehrfach auf den Stock gesetzten Kastanienbaum wachsen.

Somit betrifft die Werkzeugfrage nicht nur persönliche Vorlieben und Wirkkraft. Es geht auch darum, wie wir den Rest, den wir nicht mitnehmen, hinterlassen wollen. Vielleicht sind ein paar Axthiebe schneller erledigt, aber das vorsichtige Sägen mit einer Astsäge mag dennoch sinnvoller sein.

Dann, nach dem Fällen, stellt sich die Frage, wie unerwünschte Äste von dem geernteten Baumstamm entfernt werden sollen. Manchmal lassen sich die paar kleinen Zweige und Äste mit dem Messer abnehmen. Manchmal ist es leichter, auf die Astsäge zurückzugreifen. Manchmal sind selbst kleine Bäume so dicht belaubt (dabei denke ich besonders an Fichten- und Birkensetzlinge), dass es viel schneller und einfacher sein kann, die ganzen kleinen Äste mit einem Handbeil oder einer Forstaxt abzuhacken.

Der Autor beim Entasten eines kleinen Fichtenbaumes mit einem Forstbeil. (Foto von Stuart Wittke)

Eine Grundregel ist, beim Entfernen der Äste methodisch vorzugehen und von einem Ende des Baumes zum anderen zu arbeiten. Vielleicht fragen Sie sich, an welchem Ende Sie beginnen sollten – denn es gibt ein richtiges und ein falsches Ende. Um das herauszufinden, betrachten Sie, wie die Äste wachsen. Viele Laubbäume haben nach oben zeigende Äste, wodurch sich zwischen Astoberseite und Stamm ein spitzerer Winkel bildet als zwischen Astunterseite und Stamm. Das heißt, die Äste wachsen nach oben. Im Gegensatz dazu wachsen bei vielen Nadelbäumen, auch bei Fichten, die Äste schräg nach unten, was bedeutet, dass der stumpfere Winkel zwischen Astoberseite und Stamm und der spitzere Winkel zwischen Astunterseite und Stamm liegt.

Die Grundregel beim Entasten ist das Entfernen der Äste von der Seite mit dem stumpferen Winkel aus. Bei Nadelbäumen ist das oft von oben nach unten, bei Laubbäumen von unten nach oben.

Die Birke im Vordergrund hat nach oben gerichtete Äste und Zweige. Das ist typisch für viele Laubbäume.

Fichten und viele andere Nadelbaumarten haben typischerweise nach unten abgewinkelte Äste.

Fällen, Entasten und Durchtrennen

Beurteilung von Bäumen zum Fällen

Ich beginne dieses Kapitel damit, einige sehr wichtige Punkte hervorzuheben. Erstens: Bäumefällen ist gefährlich. Zweitens: Sie sind (wahrscheinlich) kein gelernter Baumpfleger und drittens: Wählen Sie immer den einfachsten Weg beim Holzfällen.

Manchmal muss man einen Baum (oder einen verbliebenen Baumrest), der den Lagerplatz unsicher macht, abholzen. Ansonsten haben Sie die Wahl, was Sie fällen. Mein Rat ist, Fällungen so einfach wie möglich zu halten. Der Umgang mit halb umgestürzten Bäumen ist schwierig, vor allem mit begrenzter Ausrüstung. Wenn ein Baum seinen Fall beginnt, hat er nur sehr wenig Geschwindigkeit oder Schwung. Leicht kann ein relativ kleiner Ast eines benachbarten Baumes den Fall im Frühstadium aufhalten. Wenn Sie einen toten Baum für Brennholz oder einen lebendigen Baum für Materialholz fällen wollen, vergewissern Sie sich, dass er nicht in unmittelbarer Nähe von anderen Bäumen steht, die seinen Fall beeinträchtigen könnten. Stellen Sie außerdem sicher, dass der Baum in einen freien Bereich fällt. Wenn Sie keine Übung im Bäumefällen haben, überlegen Sie alles zweimal, damit Ihr Baum möglichst punktgenau an der für ihn vorgesehenen Stelle landen wird.

Betrachten Sie dann die Neigung des Baumes. Lehnt er in die Richtung, in die er fallen soll? Oder neigt er sich in die entgegengesetzte Richtung oder ganz zur Seite? Sehen Sie ihn sich nicht nur aus der Ferne an. Stellen Sie sich an den Stamm und schauen Sie nach oben. Sobald Sie eine grundlegende Vorstellung davon haben, in welche Richtung der Baum fallen könnte, können Sie sich eine noch bessere Vorstellung davon machen, wohin er fallen wird, indem Sie sich mit dem Rücken zum Baumstamm stellen und nach oben blicken. Ein weiterer Punkt, den Sie beachten müssen, ist, ob an einer Seite mehr Äste sind als auf der anderen. Dies kann verhindern oder auch dabei helfen, dass der Baum in die gewünschte Richtung fällt. Ein letzter Aspekt, der den Fall des Baumes behindern oder begünstigen kann, ist der Wind. Wenn er stark genug ist, kann der Wind einen Baum in die entgegengesetzte Richtung blasen, in die er sonst fallen würde. Der Wind lässt Bäume auch ziemlich stark schwanken, was das Risiko erhöhen kann, dass der Stamm sich spaltet, wenn man mit dem Fällen beginnt.

1. *Unter den Baum stellen und nach oben schauen.*
2. *Nach oben schauen, um zu sehen, in welche Richtung die Bäume sich neigen und wo die meisten Äste sind.*
3. *Abschätzen, in welche Richtung der Baum fallen wird.*

1

2

3

Eine Axt und eine Säge gewähren Ihnen Zugang zu größerem Bauholz für Ihre Projekte.

Bäumefällen mit Axt und Säge

Das fachmännische Fällen eines wohlgewählten Baumes erscheint mühelos und unkompliziert, schlecht durchdachtes Fällen kann aber schwierig und gefährlich werden. Immer gehört es zu den gefahrenreicheren Unternehmungen im Wald. In diesem Abschnitt möchte ich die wichtigsten Punkte hervorheben, die ich Menschen beibringe, die das Bäumefällen erlernen. Ich setze voraus, dass Sie über Grundkenntnisse im Umgang mit der Axt und ein gutes allgemeines Sicherheitsbewusstsein verfügen.

Warum überhaupt größere Bäume fällen?

Es gibt eine Vielzahl guter Gründe, warum man vielleicht größere Bäume fällen möchte. Der Bedarf an Brennholz ist ein häufiger, insbesondere im Herbst und Winter. Stehendes Totholz ist die beste Brennholzquelle im Wald. Wenn Sie ein Feuer aus langen Scheiten entfachen, brauchen Sie Rundholz mit gutem Durchmesser. Wenn Sie kleineres Brennmaterial verwenden, ist es am effizientesten, dieses von einem toten, stehenden Baum zu beziehen. Ein zweiter Grund für das Fällen eines Baums ist, den Lagerplatz sicher zu machen. Ich musste dies schon einige Male bei meinen Kanutrips machen, weil mein Lagerplatz gefährdet war. Vielleicht fragen Sie sich: „Warum bist du nicht einfach woanders hingegangen?" Nun, diese Situationen entstanden entweder auf Inseln oder in Gegenden mit starkem Bodenbewuchs, wo es einen bestehenden, wenngleich kleinen Lagerplatz gab. Drittens brauchen Sie vielleicht Material für Holzprojekte – sei es das Holz selbst oder die Rinde oder beides.

Werkzeuge für diese Arbeit

Ihr Hauptwerkzeug zum Bäumefällen ist die Axt. Sie können vom Forstbeil aufwärts jede Axt verwenden. Handbeile sind zu klein und zu leicht. Man kann nur mit einer Axt fällen, aber die Arbeit wird kontrollierter, wenn Sie eine Säge zusätzlich zu Ihrer Axt verwenden, um den Vorgang zu vollenden. Auf Reisen habe ich gerne eine Klapp-Gestellsäge dabei, die sich kompakt zusammenlegen lässt.

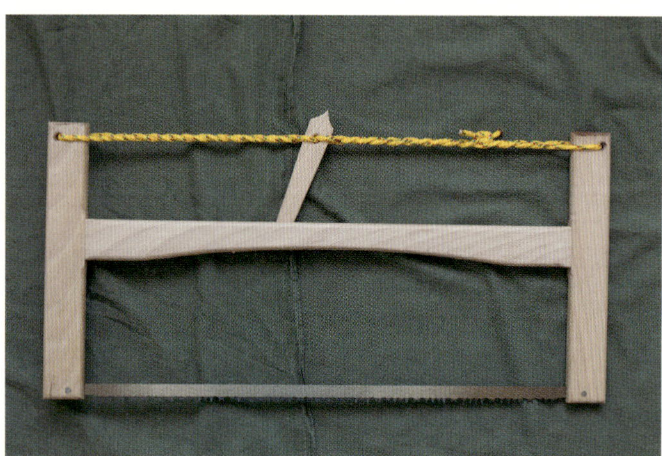

Eine zusammenlegbare Gestellsäge ist eine vollwertige große Säge, die sich leicht einpacken lässt.

Ein Forstbeil und eine improvisierte Bügelsäge.

Links: Im winterlichen Nadelwald der nördlich-gemäßigten Zone ist Feuer Ihr Freund. Diese Art des Feuers aus langen Baumstämmen ist ein traditionelles skandinavisches Feuer in der Wildnis.

Prinzipien beim Bäumefällen

Zunächst lohnt es sich, kurz einen Schritt zurückzugehen und über die Struktur eines Baumstammes nachzudenken. Es handelt sich dabei um ein Bündel aus Fasern, das an einem Ende mit der Erde verbunden ist. Wie bei jedem aufrechtstehenden Gefüge übt das Gewicht durch die Struktur Druck nach unten aus. Und wie bei einem Stock, der gebogen wird, stehen die nach außen gebogenen Fasern unter Spannung und jene an der Innenseite der Biegung unter Druck.

Nutzen Sie dieses Wissen über die Struktur des Baumstammes beim Fällen. Zuerst etwas Holz in Form einer keilförmigen Einkerbung (Fallkerb) vom Stamm an der Seite entfernen, auf die der Baum fallen soll, um die Stütze, die der Baum an einer Seite hat, zu entfernen und eine leichte Neigung im Baum erzeugen. So werden die Außenfasern auf der anderen Baumstammseite unter Spannung gesetzt. Diese Fasern können dann nach und nach durchtrennt werden, bis der Baum zu fallen beginnt.

Zuerst den Fallkerb mit der Axt ausführen. Dies ist ein keilförmiger Schnitt, dessen Mitte in der Richtung sein sollte, in die der Baum fallen soll. Nicht weiter als bis zur Mitte des Baumstammes in den Baum hineinschneiden. Die Basis dieses Schnitts ist waagerecht, die Oberseite abgewinkelt, damit beim Fallen die Oberseite die Unterseite erst berührt, wenn der Stamm mindestens zur Hälfte zum Boden hin geneigt ist. Die Rückseite dieses Schnittes, also dort, wo die beiden Winkel aufeinandertreffen, liegt im rechten Winkel zur Fallrichtung.

Ist der Fallkerb fertiggestellt, müssen Sie an der Rückseite den Fällschnitt setzen. Es ist möglich, diesen mit der Axt auszuführen, was aber weniger kontrolliert ist als mit der dazu bestens geeigneten Säge. Da die Fasern auf der Rückseite nun unter Spannung stehen sollten, ist es unwahrscheinlich, dass das Sägeblatt stecken bleibt. Der Schnitt mit der Säge kann Stück für Stück sehr kontrolliert ausgeführt werden.

1

2

1. *Überprüfen des Fallkerbs.*

2. *Demonstration der der Richtung, in die der Baum fallen wird, mit dem Stiel meiner Axt.*

An dieser Stelle muss ich betonen, dass man niemals vor einem Baum und auch nicht zu nahe an seiner Rückseite vorbeigehen darf, wenn der Fällschnitt einmal angefangen wurde. Darum sollten Sie sowohl Axt als auch Säge bereits zu Beginn dabei haben.

Die Basis des Fallkerbs sollte horizontal sein, der Fällschnitt ebenso. Dazu schneiden Sie mit der Säge horizontal. Stellen Sie sicher, dass das Sägeblatt parallel zur Basis des Fallkerbs verläuft, um gerade und gleichmäßig über dem Fallkerb zu schneiden. Der kritische Punkt – der manchmal in Büchern auch falsch dargestellt wird – ist, dass der Fällschnitt über der Basis des Fallkerbs ausgeführt werden muss. Der Abstand sollte mindestens 2,5 cm betragen. Dies gibt ein bisschen Spielraum für Fehler, falls die Säge beim Schneiden nach unten abtaucht.

Warum ist das Verhältnis zwischen der Position des Fallkerbs und des Fällschnitts so wichtig? Nun, es erzeugt zwei mechanische Wirkungen, die den Fall des Baumes kontrollierter und vorhersehbarer machen. Den Fällschnitt über die Basis des Fallkerbs zu setzen, erzeugt eine Stufe, die eine Absicherung für den Stumpf des Baumes bildet, wenn er fällt: Sie verhindert, dass der Stamm nach hinten rutscht und bietet einen stabilen Drehpunkt.

Während der Arbeit am Fällschnitt beginnt der Baum zu fallen. In der Regel erreicht das Sägeblatt den Fallkerb nicht, bevor der Baum seinen Fall beginnt. Sobald genügend Fasern an der Baumrückseite durchtrennt sind, kann er sich frei wegbewegen. Für gewöhnlich hat man daher einen Bereich zwischen Kerbe und Fällschnitt, an dem die Fasern stehenbleiben. Diese verbundenen Fasern, die wie ein Scharnier funktionieren, nennen wir Bruchleiste. Sie reißen erst durch die Kraft, die entsteht, wenn der Stamm sich immer stärker neigt.

3

4

5

3. *Den Fällschnitt möglichst waagerecht beginnen.*

4. *Das Sägeblatt parallel zur Basis des Fallkerbs halten.*

5. *Die durch den Fällschnitt erzeugte Stufe (rechts am Foto), die höher liegt als die Basis der Kerbe. (links am Foto)*

6. *Hier hat sich ein Baum im Fall verfangen. Man sieht, wie sich der Fällschnitt öffnet und die Basis gegen die Rückseite der Stufe drückt.*

6

9

7

10

8

7. *Der Autor weist auf den Bereich zwischen Kerbe und Fällschnitt hin, der die Bruchleiste bildet.*

8. *Die langen Fasern in der Mitte des Baumstumpfes bleiben zurück, nachdem sie – noch nicht durchgeschnitten – während des Fallens reißen.*

9. *Blick auf die Unterseite eines Baumstammes nach dem Fällen. Die Oberseite der Kerbe (links), die gerissenen Bruchleistenfasern (Mitte) und der Fällschnitt.*

10. *Die Baumstümpfe abgestorbener, stehender Kiefern, die für Brennholz in einem Winterlager gefällt wurden.*

Die beigefügten Bilder lebender und toter gefällter Bäume zeigen allesamt gute Beispiele für Bruchleisten. Es kann aber auch etwas schiefgehen. Anstatt von der Stufe aus mit schöner Bruchleiste zu brechen, kann der Baum in der Mitte des Baumstammes nach oben hin splittern und dann von diesem höheren Punkt aus kippen. Der Baumstamm erreicht immer noch den Boden, aber der Teil des Stammes vom Fällschnitt aufwärts bis zum Drehpunkt wird nach oben und weg von der Stammrückseite gehebelt. Dies ist einer der Hauptgründe, warum Sie und Ihre Begleiter niemals hinter dem Baum stehen oder knien sollten. Arbeiten Sie von der Seite aus. Dieses Brechen weiter oben, bei dem ein Teil des Stammes nach oben geknickt wird, kann zu schweren Verletzungen, ja sogar zum Tod führen.

Bevor es losgeht …

Nachdem der Baum ausgewählt und die Fallrichtung bestimmt wurde, muss sichergestellt werden, dass der Arbeitsplatz am Fuße des Baumes frei ist. Ein Stolpern oder Umknicken des Knöchels sollte vermieden werden, wenn man mit der Axt arbeitet oder sich in ihrer Nähe befindet. Die Verwendung der Axt oder Säge soll durch die Umgebungsvegetation oder Triebe aus dem Fuß des Baumes nicht behindert werden. Stellen Sie sicher, dass nichts in der Nähe ist, worin sich die Axt verfangen könnte, während Sie sie schwingen.

Sobald Ihr Arbeitsbereich geräumt ist, legen Sie die Flucht- und Rückweichewege fest. Sie müssen in der Lage sein, sich vom Baum zu entfernen, sowie er zu fallen beginnt. Aus offensichtlichen Gründen sollten Sie sich nicht in dieselbe Richtung bewegen wie der fallende Baum. Aus den oben genannten Gründen ist es auch gefährlich, sich direkt hinter dem Baum zu bewegen. Als Grundregel sollten Sie daher ungefähr im 45-Grad-Winkel zurückweichen. Vergewissern Sie sich, dass Sie sich rasch weg vom Baum bewegen können, ohne zu stolpern oder auszurutschen. Entfernen Sie alles, was einen sicheren Rückzug behindern könnte.

Und schließlich: Teilen Sie Ihren Begleitern unmissverständlich mit, dass Sie Bäume fällen und wo Sie dies tun. Falls sie sich in der Nähe des Ortes, an dem Sie Fällarbeiten ausführen (z. B. weil sie zusehen) befinden, stellen Sie sicher, dass sie in sicherer Entfernung stehen, an der Seite oder in sicherer Entfernung hinter der Stelle, an der der Baum fallen wird.

Links: *Den Flucht- und Rückweicheweg noch vor dem Fällen festlegen.*

Sogar trockene, tote Bäume sind schwer. Das Gewicht lebender Bäume ist um ein Mehrfaches höher. Das Gewicht, das auf den Boden sinkt, ist sogar bei einem Baum bescheidener Größe überraschend hoch. Der Hebel, den ein großer Baumstamm an seinem unteren Ende aufbringen kann, ist kolossal. Achten Sie immer penibel darauf, sich an die ausgeführten Sicherheitsregeln zu halten.

Effizientes Entasten gefällter Bäume

Unabhängig davon, ob der Baum tot oder lebendig ist oder wie Sie ihn am Ende verwenden, gibt es für gewöhnlich zwei Arbeiten, die Sie ausführen müssen. Zuerst müssen Sie die Äste des Baumes entfernen (entasten). Als Zweites müssen Sie den Baum in einzelne Teile schneiden, eine Aufgabe, die sich Durchtrennen oder Ablängen nennt.

Sicherheit geht vor

Im Kapitel Axttechniken für den Alltag habe ich die grundlegenden Sicherheitsaspekte für den täglichen Gebrauch der Axt im Camp beleuchtet. Dort habe ich eine Reihe an Fragen in den Raum gestellt, die es wert sind, hier im Zusammenhang mit dem Entasten und Ablängen wiederholt zu werden, da sie auch auf diese Arbeiten zu 100 % zutreffen.

„Wohin geht der Schnitt als Nächstes?" ist eine Frage, die Sie immer stellen sollten, wenn Sie ein Schneidwerkzeug verwenden. Was passiert, wenn es das Werkstück, an dem ich arbeite, komplett durchtrennt? Was passiert, wenn ich abrutsche? Was, wenn die Axt verrutscht oder abprallt? Was, wenn ich nicht treffe? In jedem dieser Fälle: Wohin geht der Schnitt als Nächstes?

Niemals wollen Sie diese Frage mit einem Ihrer Körperteile beantworten müssen. Insbesondere dann nicht, wenn es dabei um die Verwendung einer Axt geht.

Im Zusammenhang mit einem gefällten Baum ist die Axt allerdings nicht das einzige Risiko. Auch der Baum selbst kann zu einer Gefahr für Ihre Sicherheit werden. Äste des Baums können gebogen sein und unter Spannung stehen – eine Spannung, die sich löst, wenn Sie beginnen, sie zu durchschneiden. Ebenso könnten kleinere Bäume durch den gefällten Baum niedergebogen worden sein – und potenziell wieder in ihre aufrechte Position zurückkehren, wenn Sie mit dem Zerteilen des gefällten Baumes beginnen. Geben Sie Acht auf alles, was durch das Fällen des Baumes unter Spannung stehen und zurückspringen könnte, bevor Sie zu Werke gehen.

Wenn der Baum nur an einer oder mehreren Stellen entlang seiner Länge zu liegen kommt, anstatt vollen Kontakt mit dem Boden zu haben, kann es sein, dass sich beim Schneiden ein Teil des Baumes anhebt, wenn Sie das Gleichgewicht ändern, oder dass ein Teil des Baumstammes zu Boden fällt – oder beides gleichzeitig. Grundsätzlich kann es sein, dass Sie beim Schneiden des Stammes ein oder zwei Wippen haben, die sich bewegen wollen. Bedenken Sie, wie der Baum liegt, bevor Sie loslegen. Wenn Sie in abschüssigem Gelände arbeiten, achten Sie besonders darauf, ob ein Teil des Baumstammes zu Boden fällt, wenn er vom Rest des Baumes getrennt wird, und wie wahrscheinlich es ist, dass er in Ihre Richtung oder in die Ihrer Begleiter rollt.

Kurz gesagt, bedenken Sie, wie sich die von Ihnen abgetrennten Teile des Baumes hinsichtlich Schwerkraft und Spannung verhalten werden, wenn Sie sie vom Rest des Baumes befreien. Es gibt noch einige technikspezifische Sicherheitshinweise in den folgenden entsprechenden Abschnitten.

1. *Der gezeigte Punkt, an dem der Baumstamm getroffen werden soll, liegt knapp unter meinem Knie und an diesem Punkt wird die Axt sich von mir wegbewegen.*

2. *Technik 1: Beidhändiger Griff: Ich stehe im rechten Winkel und mit weitestgehend parallelen Schultern zum Baumstamm.*

3. *Technik 2: Einhändiger Griff: Ich kann seitlich stehen und effektiv direkt hinter mir schneiden, wieder weg von meinem Körper.*

4. *Dieselbe seitliche, einhändige Hinter-mir-Technik wie oben, aber mit einer Axt mit längerem Stiel. Beachten Sie, dass ich den Stiel in der Mitte halte, um mehr Kontrolle zu haben.*

5. *Die Axt wird hinter meinen Körper und weg von ihm geführt.*

6. *Sicheres Arbeiten hinter meinem Körper – sogar bei einem kleinen Baum.*

1
2
3
4
5
6

Mit der Unterseite nach oben

Beim Entasten eines Baumes sollte man an einer Seite anfangen und zur anderen hin arbeiten. Dies tut man teils, um methodisch, aber auch effizient zu arbeiten. Grundsätzlich ist es leichter, Äste – egal ob groß oder klein – zu entfernen, wenn man sie vom stumpferen Winkel zum Baumstamm angreift. Viele Nadelbäume haben beispielsweise nach unten geneigte Äste, diese entasten Sie am besten von oben nach unten, während Sie die nach oben zeigenden Äste von Laubbäumen von unten nach oben entasten. Selbst wenn Sie Teile entfernen, die wenig größer als Zweige sind, ist es viel leichter, auf diese Weise zu arbeiten.

Methodisches Arbeiten vom unteren Ende des Baums nach oben.

Techniken

Beim Entasten sollten Sie wenn möglich mit der Axt auf der anderen Seite des Stammes arbeiten, als da wo Sie stehen. Dies trägt zur Sicherheit bei, da die Chance, dass ein Schlag in Ihre Richtung abrutscht, signifikant sinkt. In anderen Fällen müssen Sie vielleicht an der Stammoberseite arbeiten, um vertikal liegende Äste abzuschneiden. Es kann helfen, in die Knie zu gehen, um einen horizontaleren Schnitt erhalten.

Man sollte so stehen, dass die Äste, die die Axt trifft, entweder vor Ihnen oder weiter vorn im Axthieb sind. Anders gesagt sollen die Äste, die geschnitten werden sollen, nicht so zwischen Ihnen und der Axt liegen, dass die Axt sich im Nachgang auf Sie zu bewegt. Die Bewegung der Axt, nachdem sie den Ast durchtrennt hat, sollte hinter Ihnen liegen. Das kann auf verschiedene Weisen erreicht werden. Man kann so stehen, dass die Axt in einer Vorhandbewegung horizontal an einem vorbeischwingt, den Schlag vor bzw. bereits leicht hinter sich ausführend. Man kann sich aber auch so drehen, dass man nach hinten schneidet, den Axthieb an der Seite entlang führend und nach hinten durchziehend. Letzteres ist einfacher mit der Axt in nur einer Hand.

Mit einer hochwertigen, gut gewarteten und scharfen Axt können Sie mit nur einem Hieb durch Äste bemerkenswerter Größe schneiden. Sie müssen jedoch beherzt arbeiten; die sichere Position des Körpers ist oberstes Gebot. Bei dickeren Ästen, die nicht mit einem Schwung geschnitten werden können, mit einigen Hieben zuerst ein „V“ hacken, dann hinten von der Rückseite aus durchhacken.

1. *Selbst große Äste mit einem Durchmesser von mehreren Zentimetern können leicht mit einem schnellen, sauberen Hieb entfernt werden.*

2. *Wenn ich einen größeren Ast bearbeite, stelle ich mich wieder hinter den Punkt, an dem die Axt einschlagen wird.*

3. *Der Punkt des Aufpralls liegt vor meiner Hüfte. Ein weiterer Hieb nach unten hackt ein V-förmiges Holzstück vom Astansatz heraus, sodass ich ihn mit dem folgenden Hieb abschlagen kann.*

4. *Und mit einem entschiedenen, fast waagerechten Axthieb wird der Ast – hier in der Luft – entfernt. Der nachfolgende Schwung der Axt führt an meinem Körper vorbei.*

1

2

3

4

Durchtrennen eines Baumes

Hinweise zum Durchtrennen

Wenn der Baum nicht sehr klein ist, muss man ihn nach dem Entasten in kleinere Stücke zerteilen, um ihn bewegen zu können. Wenn ich in der winterlichen Tundra lagere, schneide ich Totholz, das ich gefällt habe, in Teile mit einer Länge, die ich noch schultern kann und bringe sie eines nach dem anderen dorthin, wo das Zelt aufgebaut ist. Dort können meine Begleiter und ich es zu einer Größe weiterverarbeiten, die in den Ofen im Zelt passt. Es liegt auf der Hand, aber denken Sie über den Verwendungszweck des Holzes nach, bevor Sie es durchtrennen. Dazu muss nicht nur die benötigte Länge bedacht werden, sondern auch, wo sich Astknoten, Knicke und andere Mängel befinden.

Auch wenn ich hier über das Durchtrennen mit der Axt referiere, sollte gleich zu Beginn erwähnt werden, dass dies unter Umständen weit weniger effizient sein kann als mit einer passenden Säge. Äxte sind gute Hack- und Spaltwerkzeuge und besonders gut für Arbeiten in Maserungsrichtung oder leicht schräg dazu geeignet. Quer zur Maserung schneiden sie viel schlechter. Sägen hingegen schneiden quer zur Maserung gut. Außerdem verliert man mehr Holz beim Durchtrennen eines Baumstammes mit der Axt statt mit einer Säge. Dafür bleiben Sägen leicht in Baumstämmen hängen, wenn sie während des Schnitts eingeklemmt werden. Ebenso neigen Sägeblätter mit geringer Tiefe dazu, zu wandern, wenn sie auch nur ein bisschen von der Linie abweichen. Auch dies kann ein Steckenbleiben verursachen. Wenn Sie keine Säge dabei haben oder diese zu klein ist, um den Durchmesser des Holzes zu bewältigen, ist die Axt Ihre einzige Wahl. Wie bereits in diesem Kapitel gezeigt, kann lässt sich ein Baum natürlich mit Axt und Säge fällen. Der Baumstamm kann aber zu dick sein, um mit ebendieser Säge geschnitten zu werden, weil es für das Fällen nicht notwendig ist, dass die Säge durch den gesamten Baumstamm sägt, sondern nur durch den Teil, der nach dem Anfertigen des Fallkerbs an der Rückseite stehenbleibt. Es gibt also mehrere Gründe, warum Sie das Durchtrennen mit der Axt beherrschen sollten.

Die Kerbe weit öffnen und die Brocken entfernen

Das Durchtrennen eines Baumstammes mit einer Axt erfolgt nicht mit einem Schnitt wie mit der Säge, sondern es wird eine Kerbe in den Stamm gehackt. Darum verschwenden Sie dabei auch mehr Holz. Als Faustregel zum Zerteilen mit der Axt gilt, dass die Kerbe so breit wie der Durchmesser des Baumstammes sein muss. So lässt sich das Holz schnell vom Stamm entfernen

1

2

und dann, in der Mitte angelangt, kann man die Seite wechseln und von der anderen Stammseite den Stamm in der Mitte der Kerbe durchtrennen.

Ein häufiger Fehler ist der Versuch, ein schmales V zu hacken. Mit einer Axt in die Spitze eines V-Schnitts zu hacken, ist ineffizient. Stattdessen sollte mit Methode nach und nach in einem immer etwas variierenden Winkel auf den Stamm gehackt werden, damit die auf diese Art herausgehackten Holzstücke leichter aus der entstehenden Kerbe schnellen können.

1. *Ich stehe hinter dem Baumstamm, den ich ablängen will. Ich werde auf der gegenüberliegenden Seite meiner Beine mit der Axt ansetzen.*

2. *Je nach Axtlänge müssen Sie vielleicht die Knie oder den Rücken (oder beides) beugen, damit die Axt gerade auf den Stamm trifft und nicht oben zu den Beinen hin abrutscht.*

3. *Als Faustregel gilt: Eine Kerbe hacken, die so breit ist wie der Baumdurchmesser.*

4. *Einen Kerbbereich bei einem kleinen Baum ausarbeiten. Denken Sie an herumfliegende Holzstücke!*

5. *Durch effiziente und effektive Axtarbeit aus der Kerbe herausgehackte Holzstücke.*

6. *Wenn die Kerbe breit ist, bleibt das Entfernen des herausgehackten Materials einfach.*

7. *Heraushacken des Holzes aus der Kerbe mit einer größeren Axt und dem Baumstamm am Boden.*

5

3

6

4

7

8. *Beachten Sie den Abstand zwischen den Stellen, an denen die Axt gehackt hat. So können die Holzstücke in einem Arbeitsgang entfernt werden.*

9. *In der Mitte des Stamms angelangt oder knapp darüber, auf die andere Seite des Baumstammes gehen und wie zuvor weiterarbeiten.*

10. *Fast ganz durch. Die eingesetzte Kraft ein bisschen drosseln, um mehr Kontrolle zu haben. Nur noch ein paar Schläge und Sie sind durch – und auf derselben Seite des Rundholzes wie Ihre Beine.*

11. *Der letzte Hieb. Beachten Sie, wo sich die Axt im Verhältnis zum Baumstamm befindet und dass ein Ende des Baumstammes zu Boden gefallen ist, während das andere sich angehoben hat.*

Beidhändige Verwendung der Axt

Die meisten Rechtshänder verwenden die Axt linkshändig und merken es gar nicht. Ebenso verwenden viele Linkshänder die Axt rechtshändig, ohne es zu bemerken. Beim Schwingen der Axt heben die meisten Menschen den Kopf mit der dominanten Hand und halten die nicht-dominante Hand unten am Ende des Stiels, um die Axt zu führen. Es ist recht einfach, es auch andersherum zu erlernen, da Sie einfach lernen, mit der dominanten Hand zu führen. Um dies zu verstehen, ist es einfacher, die Bewegung zuerst zu zerlegen und an das Hacken mit nur einer Hand, die die Axt hält, zu denken.

1. *Die rechte Hand (meine dominante) hebt den Axtkopf, die linke führt den Schwung von hinten.*

2. *Die linke Hand hebt den Axtkopf, die rechte führt von hinten.*

3. *Rechtshändige Verwendung der Axt mit zwei Händen. Die Linke führt hinten.*

1

2

3

Die Axt beidhändig zu führen, erlaubt Ihnen, in allen notwendigen Winkeln anzusetzen, um durch Ändern des Einschlagwinkels eine symmetrische Kerbe zu erhalten und das Material schnell und einfach zu entfernen. Bei Verwendung einer größeren Axt ist dies sogar noch wichtiger. Wenn Sie lernen, die Axt beidhändig zu verwenden, wird nicht nur Ihre Technik effizienter, es ist langfristig auch besser für Ihren Rücken. Nicht viele Menschen machen sich die Mühe, dies zu lernen oder wissen überhaupt darüber Bescheid, aber es ist die Mühe wert.

4. *Die linkshändige Verwendung der Axt mit beiden Händen. Die rechte Hand führt hinten.*

5. *Hacken mit meiner rechten (dominanten) Hand.*

6. *Hacken mit meiner linken Hand.*

7. *Das ist unangenehm und ich verdrehe meinen Rücken. Das liegt an der Handposition, die der entgegengesetzt ist, wie ich von links ansetzen sollte.*

8. *Bequemes Schwingen der Axt mit der präzise lenkenden linken Hand.*

9. *Der Anfang des Umgreifens. Gleich nachdem die Axt gestoppt hat, beginne ich, meine zuvor führende linke Hand wegzubewegen, während ich den Griff mit der Rechten festhalte.*

10. *Meine linke Hand rutscht nun nach vorn in Position, um den Axtkopf zu heben.*

11. *Am Höhepunkt des Anhebens und im Begriff, wieder nach unten zu schwingen. Meine rechte Hand führt nun, anders als beim vorigen Schwung, und ich kann die Axt bequem von links nach rechts führen.*

12. *Am Tiefpunkt des Schwungs. Meine Hände liegen entgegengesetzt zum vorigen Abwärtsschwung und der Aufprallwinkel ist schräg von der anderen Seite. Dies lässt sich ohne den Rücken zu verdrehen oder andere Unannehmlichkeiten ausführen.*

4

5

6

7
10
8
11
9
12

Lange Stämme spalten

Sie haben wahrscheinlich bemerkt, dass die Brennholzstücke auf Ihrem Hackklotz umso schwieriger zu spalten sind, je länger sie werden, wenn sich sonst nichts ändert. Auch beim Holzspalten für das ein oder andere Schnitzprojekt brauchen Sie mehr Kontrolle über den Spalt als sie mit einem dynamischen Axtschwung zum Brennholzmachen gegeben ist.

Ähnlich verhält es sich beim Spalten längerer Baumstämme; insbesondere, wenn wir sie für ein Projekt rund ums Lager benötigen, müssen wir einem anderen Ansatz folgen. Verfügen wir über Spaltkeile und eine Spaltaxt, ist die Lösung sowohl relativ leicht als auch offensichtlich.

Metallspaltkeile verwenden, um zuerst einen Spalt zu öffnen und ihn den Baumstamm entlang fortsetzen.

Sind weder Spaltkeile noch Spaltaxt zur Hand, sondern nur ein Forstbeil oder eine Forstaxt in Reichweite, was tun wir dann? Nun, wir müssen uns zuerst ein paar Werkzeuge herstellen. Wir brauchen einige Holzkeile und eine Art hölzernen Hammer. Später in diesem Kapitel sehen wir uns an, wie man diese herstellt, aber zuerst wenden wir uns dem Spalten eines langen Baumstammes zu. Dies zeigt nicht nur die Technik, sondern erlaubt einen Einblick in das, was auf den nächsten Seiten folgen wird.

1. *Das sind die Werkzeuge, mit denen längere Baumstämme gespalten werden, wenn kein Spezialwerkzeug greifbar ist, sondern wir nur auf unsere Universalaxt und einen improvisierten Hammer und Holzkeile angewiesen sind.*

2. *Zuerst mit der Axt die Rinde vom Stamm entlang der Linie entfernen, an der gespalten werden soll.*

3. *Dann die Axt mit dem improvisierten Hammer in die Stirnseite des Baumstamms schlagen, um einen der Länge nach verlaufenden Spalt auszulösen.*

4. *Als Nächstes einen der Keile direkt vor der Axt in den Spalt hämmern.*

5. *Wenn der Keil in das Holz eindringt, geschehen zwei Dinge: Er erweitert den Spalt und die Axt löst sich aus dem Holz.*

6. *Die Axt entfernen, sobald sie sich löst. Sie brauchen sie erst später wieder. Wenn Sie schon einen Holzkeil in den Spalt hinter den ersten stecken können, tun Sie dies. Wenn nicht, stecken Sie einen davor, um beide hineinschlagen zu können.*

7. *Ziel des Spiels ist es ab hier, mit einem Keil einen ausreichend großen Spalt zu erzielen, um mit dem anderen Keil weiter vorne zu spalten, indem entweder der vordere Keil nach vorne geschoben wird oder der hintere den vorderen überspringt.*

8. *Ein wichtiger Aspekt ist hier das Hören. Man hört, wie die Fasern entspannen und nachgeben. Die Keile hineinschlagen, dann warten und hinhören. Gehen Sie zu schnell vor, kann der Spalt in eine unerwünschte Richtung gehen. Dazu auch den Fortschritt im Bereich der entfernten Rinde im Auge behalten.*

9. *Bei geduldigem und methodischem Vorgehen wird der Baumstamm sich irgendwann teilen.*

10. *Sie könnten den Baumstamm nicht nur mit der Forstaxt allein spalten, aber sie können mit ihr einige Werkzeuge herstellen und ihn dann in Angriff nehmen.*

1

2
5
8
3
6
9
4
7
10

Holzkeile herstellen

Um unsere Holzkeile herzustellen, müssen wir die Axtschnitztechniken anwenden, die ab Seite 139 ausführlich behandelt werden. Sind Ihnen diese Grundlagen nicht geläufig, empfehle ich Ihnen dringend, zuvor die entsprechenden Abschnitte ab S. 139 zu lesen. Sie sollten nicht nur sicher, sondern auch mit einer guten Technik arbeiten. Keile werden am besten aus Harthölzern gefertigt, die auf der harten Seite des Spektrums liegen, wie etwa Stechpalme oder Hainbuche in der nördlichen gemäßigten Zone. Sie sind natürlich relativ schwer zu schnitzen, selbst als Grünholz. Stechpalmenholz hat den Vorteil, dass es recht wachshaltig ist, wenn es frisch ist, was zumindest aus Erzählungen zu helfen scheint, den Keil in die Spalte im Holz bekommen.

Sie brauchen mindestens zwei Keile, aber lassen Sie sich nicht davon abhalten, auch drei oder vier anzufertigen, nur für den Fall, dass Sie sie brauchen. Für sehr langes Holz oder besonders hartes oder knorriges Holz brauchen Sie wahrscheinlich mehr als zwei. Sie lassen sich jedoch leicht paarweise schnitzen, weshalb ich rate, für den Anfang zwei oder vier Stück anzufertigen.

1. *Für die Keile ein Holzstück verwenden, das mindestens so lang ist wie zwei Keile und dann eine lange Verjüngung nahe der Mitte zum Ende hin schnitzen.*

2. *Teilen Sie sich Ihre Kräfte ein – harte Harthölzer sind per Definition schwer zu schnitzen. Vergewissern Sie sich, dass die Verjüngungen nicht verdreht oder gegeneinander verwunden sind.*

3. *Sobald Sie zwei gerade Flächen haben, die am Ende des Holzstücks zusammenlaufen, diese durch Ausarbeiten einer Sekundärfase (Abschrägung) zu einer feinen Kante zusammenführen.*

4. *Auch die Seiten leicht abschrägen, da dies das Leben der Keile verlängert, da sie weniger leicht ausfransen oder splittern. An der Spitze sollten sie der Form von Flachschraubenziehern ähneln.*

5. *Ist der Keil auf der einen Seite des Holzstücks fertig, den Vorgang auf der anderen Seite wiederholen.*

6. *Sind beide Verjüngungen samt Anfasungen (Abschrägungen) fertig, das Stück in der Mitte durchschneiden und Sie haben zwei separate Keile.*

7. *Nun die Schnittflächen wie Holzheringe fürs Zelt anschrägen, damit die Keile nicht splittern, wenn sie mit dem Hammer oder Axtnacken eingeschlagen werden.*

8. *Das Endprodukt.*

9. *Zwei fertige Keile. Jetzt brauchen wir nur noch einen Hammer!*

1
4
7
2
5
8
3
6
9

Herstellung eines Holzhammers im Wald

Ziel ist es hier, etwas Kraftvolles und dennoch Handliches herzustellen, womit man auf die Axt schlagen kann, ohne dass sich das Auge verwindet oder Keile zum Spalten in Holz hämmern kann. Das ist keineswegs Raketenwissenschaft, aber es gehört ein bisschen Fingerspitzengefühl dazu, dies richtig hinzubekommen. Wenn es nicht klappt, ist das nicht weiter schlimm. Wenn die Anfertigung des Hammers daneben geht, ist schnell ein neuer gemacht, der wahrscheinlich richtig ist.

1. *Ein gerades, möglichst knotenfreies Stück Holz mit 45 cm Länge suchen, damit es nicht zu schwer zu spalten ist. Ich nehme gern Grünholz, das aufgrund seines Feuchtigkeitsgehaltes schwerer ist.*

2. *Markieren, wo das Ende des Hammers sein soll.*

3. *Das Holz ungefähr in der Mitte der gewünschten Länge zwischen Markierung und Ende einsägen.*

4. *Den Schnitt parallel zur Schnittfläche am Ende des Holzstücks halten und mindestens 2,5 cm vor der Mitte des Holzes stoppen, also nicht ganz durchsägen.*

1

3

2

4

5

5. Das Holz um 90 Grad drehen und einen weiteren Schnitt wie zuvor ausführen, kurz vor der Mitte stoppen. Diesen Vorgang noch zweimal wiederholen (insgesamt 4 Schnitte, die mindestens 2,5 cm vor der Mitte enden).

6. Das Holzstück nun an der ursprünglichen Endmarkierung durchsägen, nicht in der Mitte der vier Schnitte.

7. Das Rundholz mit dem Ende, das der Griff werden soll, nach oben auf einen Hackklotz legen.

8. Die Axt auf einer Seite 2,5 cm von der Mitte des Holzstücks entfernt positionieren.

6

8

7

9. *Das seitliche Holz mit der Axt abspalten, indem man sie durch Batonieren nach unten bis zum zuvor eingesägten Stoppschnitt schlägt. Darauf achten, nicht über den Stoppschnitt hinaus zu spalten.*

10. *Das Werkstück um 90 Grad wenden, dann die nächste Seite abspalten.*

11. *Nach weiterem zweimaligem Drehen im rechten Winkel und Abspalten der seitlichen Holzstücke sollte das Werk wie hier abgebildet aussehen.*

12. *Der Stiel des Hammers ist jetzt noch rechtwinkelig. Nun die Ecken abspalten.*

13. *Nach dem Abtragen der vierten rechtwinkeligen Ecke sollte ein achteckiger Stiel zurückbleiben.*

14. *Mit dem Messer etwaige unangenehme Kanten brechen bzw. wegschnitzen und prüfen, dass der Griff nicht zu groß für Ihre Hand ist. Ist dies der Fall, denn Griff durch scheibchenweises Entfernen von Holz verkleinern und dabei möglichst mittig halten.*

15. *Der letzte Schliff für den Griff.*

16. *Das Equipment zum Holzspalten ist nun komplett.*

Diese Hämmer halten lange und sind auch für andere Aufgaben nützlich, z. B. zum Schlagen auf ein Schindelmesser, zum Zuschneiden von Brettern oder zum Einschlagen großer Zeltheringe.

9

10

11

12

15

13

16

14

Schnitztechniken und -projekte

Sicherheit mit dem Messer

Sicherheit mit dem Messer beginnt mit der Wahl des richtigen Messers für die Arbeit. Klappmesser sind unterwegs praktisch, ihnen haftet aber eine Schwäche am Gelenk an. Messer mit fixer Schneide sind stärker als Klappmesser, selbst wenn diese eine Arretierung haben. Eine feste Schneide kann unmöglich auf Ihren Fingern zusammenklappen. Bei der Wahl eines Messers mit fester Schneide sollten Sie eines mit starker Messerscheide wählen, um sowohl sich als auch das Messer zu schützen.

Das Messer aus seiner Scheide ziehen

Halten Sie die Finger von der Schneide fern, wenn Sie das Messer aus der Scheide ziehen! Machen Sie sich damit vertraut, um zu wissen, an welcher Seite die Schneidkante „herauskommt".

Achten Sie darauf, wo sich die Schneidkante befindet.

FALSCH: Wo Sie die Finger beim Herausziehen des Messers nicht halten sollten.

Die Finger aus dem Weg nehmen.

Wenn Sie das Messer nicht verwenden, stecken Sie es zurück in die Messerscheide. Dies ist der sicherste Ort für das Messer. Lassen Sie sich nicht dazu verleiten, es kurz in einen Stamm oder Baumstumpf zu stecken oder sonst wie herumliegen zu lassen. Bei der Vielzahl an Stolperfallen im Freien sollte das Messer in der Scheide verwahrt sein, bevor man auch nur eine kurze Strecke zurücklegt, um sich und andere nicht bei einem Sturz mit dem Messer zu verletzen.

Das Messer sicher in der Messerscheide verwahren, wenn Sie es nicht verwenden.

Sich und anderen Raum geben.

Versuchen Sie, das Messer nicht in schwierigen oder beengten Umgebungen zu benutzen. Geben Sie sich genug Raum, um es ordnungsgemäß zu verwenden.

Bei der Verwendung des Messers sicherstellen, dass Sie genügend Platz um sich herum haben, um andere Menschen nicht zu gefährden. Ist jemand in Armreichweite, ist er zu nah.

Achtsam sein

Achten Sie auf Bewegung der Menschen um Sie herum, wenn Sie ein Messer verwenden. Vielleicht haben sie nicht bemerkt, dass Sie damit hantieren.

Achten Sie auf andere, die mit Messern arbeiten und bleiben Sie in sicherer Entfernung. Machen Sie keine hastigen Bewegungen in der Nähe von jemandem, der ein Messer benutzt.

Auf das konzentrieren, was Sie tun

Viele Schnittwunden sind auf mangelnde Konzentration zurückzuführen, entweder aufgrund von Ablenkung oder Müdigkeit. Wenn Sie sich nicht konzentrieren können, legen Sie das Messer beiseite, bis Sie wieder konzentrationsfähig sind.

Das Messer sicher halten

Achten Sie darauf, das Messer fest in der Hand zu halten. Der Grundgriff ist der Vorhandgriff. Dieser und andere werden später in diesem Kapitel beschrieben.

Weg vom Körper schneiden

Schneiden Sie weg von Ihrem Körper und Ihren Beinen. Achten Sie besonders auf die Position der Hand, die das Messer nicht hält.

Weg vom Körper und der Haltehand schneiden. Das ist sicher.

Seien Sie nicht zu ehrgeizig!

Selbst mit einem scharfen Messer sollten Sie nur moderate Mengen an Material mit jedem Schnitt abtragen. Der Versuch, das überschüssige Holz mit einem Schnitt zu entfernen, erfordert übermäßig viel Kraft und führt zur Ermüdung der Handmuskeln und zu verminderter Kontrolle über das Messer.

Nicht zur Haltehand hin schneiden, selbst wenn sie großteils auf der anderen Seite des Werkstücks liegt.

Nur kleine Mengen an Material kontrolliert entfernen.

Wenn Sie mehr Kraft brauchen, arbeiten Sie seitlich von Ihrem Körper und erzeugen Sie Kraft durch das Fallenlassen der Schulter.

Zusätzliche Kraft sicher erzeugen, indem Sie das Werk wie gezeigt halten und dann die Schulter fallen lassen.

Für mehr Stabilität auf einem Baumstamm, einem Baumstumpf oder einem Hackklotz arbeiten. Passen Sie nur auf, dass Sie sich nicht die Knöchel anschlagen.

Ein stabiler Holzklotz oder Stamm bietet zusätzliche Unterstützung. Beachten Sie, dass ich auch mit Abstand zu meinem Körper arbeite und meine Beine gut aus dem Weg sind.

Ellbogen auf den Knien

Ihre Hauptarterien verlaufen an der Beininnenseite. Das bedeutet, dass diese Blutgefäße leicht verletzbar sind, wenn Sie sich in diesem Bereich schneiden. Ein Schnitt in die Hauptarterie (Oberschenkelarterie) ist potenziell tödlich, also achten Sie besonders darauf, das Messer so zu führen, dass Sie dies nicht riskieren. Besonders aufpassen müssen Sie beim Schnitzen im Sitzen. Dadurch sind die Beine näher bei den Händen, weshalb besondere Vorsicht geboten ist. Die Ellbogen auf den Knien abzustützen, verhindert, dass das Messer zu nahe an die Beine gelangt.

FALSCH: Nicht nahe an der Oberschenkelinnenseite arbeiten!

Bedenken, wohin das Messer abrutscht

Bei jedem Schnitt mit dem Messer müssen Sie bedenken, wo es als Nächstes landet – nicht nur, wenn alles nach Plan läuft, sondern auch, wenn Sie abrutschen oder geradewegs durch das Werkstück hindurchschneiden. Nehmen Sie eine Haltung ein, bei der das Nächste, was das Messer trifft, nicht Sie sind.

FALSCH: Ein Abrutschen des Messers ist hier potenziell tödlich.

Die richtige Arbeitsweise mit den Ellbogen auf den Knien zwingt die Hände weg von den Schenkeln und das Messer weg von den Oberschenkelarterien.

Hören Sie auf die Stimme der Vernunft in Ihrem Kopf

Wenn Sie das Gefühl haben, Ihr Messer auf eine riskante oder törichte Weise zu verwenden, tun Sie das wohl auch. Hören Sie auf die Stimme in Ihrem Kopf (oder das komische Gefühl im Bauch). Ändern Sie Ihre Haltung bzw. Ihre Arbeitsweise so, dass sie sicher ist. Wenn Sie nicht herausfinden können, wie Sie Ihr Ziel sicher erreichen, bitten Sie jemanden mit mehr Erfahrung um Anleitung.

Das Messer muss scharf sein

Es mag der Intuition widersprechen, aber ein scharfes Messer ist ein sicheres Messer. Ein scharfes Messer ist vorhersehbar. Man muss nicht übermäßig viel Kraft ausüben. Es schneidet auf bekannte Weise und man erreicht leicht, was man möchte.

Halten des Messers

Das Messer auf mehrere Arten halten zu können, erlaubt Ihnen eine breite Palette an Schnitten, die wiederum eine Welt an Projektmöglichkeiten eröffnen. So wie ein schlechter Handwerker die Schuld auf sein Werkzeug schiebt, holt ein guter Handwerker das Beste aus den einfachsten Werkzeugen. Es ist eine Freude zu beobachten, wie jemand mit wenig viel erreicht – geschweige denn, das selbst zu schaffen. Die hier gezeigten Handhaltungen gehen mit den verschiedenen Schnitztechniken im nächsten Abschnitt einher und finden immer wieder praktische Anwendung in diesem Buch.

Der Vorhandgriff

Dies ist die intuitivste Messerhaltung. Sie findet Anwendung, wenn das Messer geschoben wird oder weg vom Körper geschnitten wird, beim Hinunterdrücken auf einem Klotz oder bei einigen verstärkten Messerstrichen. Beachten Sie, dass der Daumen in dieser Haltung, der Natur der Sache entsprechend, nicht auf die Klingenrückseite gelegt wird. Die Faust um den Griff schließen, dabei auch den Daumen um den Griff legen.

Der Vorhandgriff. Das Wesentliche ist, eine Faust um den Messergriff zu machen.

Der Vorhandgriff in Verwendung, das Messer wird geschoben, während das Werkstück freihändig gehalten wird.

Der Rückhandgriff

In Hinblick darauf, was die Hand am Messergriff tut, ist der Rückhandgriff im Wesentlichen gleich wie der Vorhandgriff. Der Unterschied liegt darin, dass das Messer um 180 Grad gedreht ist, sodass die Schneidkante eher zur Handinnenseite als weg davon zeigt. Der Rückhandgriff wird verwendet, wenn die Schneidkante zum Körper gezogen wird und bei einigen verstärkten Schnitten.

Der Rückhandgriff. Hier zeigt die Schneidkante zur Handinnenseite.

Der Rückhandgriff in Verwendung; der Autor führt einen ziehenden Schnitt mit dem Schnitzmesser aus.

Seitlicher Griff

Irgendwo zwischen Vor- und Rückhandgriff ist der seitliche Griff angesiedelt. Er kann mit der Schneidkante weg von den Fingern oder zu ihnen hin ausgeführt werden. Letzterer kann manchmal Teil eines Brusthebelschnitts (siehe S. 138) sein oder ein vorsichtiger Versäuberungsschnitt.

Die Klingengriff

Bei dieser Haltung wird die Klinge von der Messerhand umschlossen, wobei das Messer zumindest teilweise an der Klinge gehalten wird. Es sollte klar sein, dass man die Finger nicht um die scharfe Schneidkante schließt. Beim Klingengriff liegt der Daumen in der Regel an der Messerseite, wobei die Klinge ein Stück hervorsteht. Gewissermaßen ist es wie das Arbeiten mit einem Messer mit kürzerer Klinge.

Die seitliche Haltung wird zum Ebnen und Versäubern verwendet.

Die Klingenhaltung im Einsatz zur effektiven Verkürzung der Klinge.

Schnitztechniken mit dem Messer

Die Schnitztechniken, die wir mit dem Messer anwenden – die tatsächlichen Schnitte, die wir machen – sind das Fundament für unsere Messerhaltungen.

Die Arbeit auflegen

Auch wenn die meiste Schnitzarbeit freihändig geschieht, ist es manchmal nützlich, die Arbeit auflegen zu können. Dies kann sowohl aus Sicherheitsgründen als auch zur Kontrolle, wie das Holz vom Werk abgetragen wird, geschehen. Ein einfaches Beispiel ist das Abstützen eines Werkstücks auf einem Baumstumpf oder einem Stamm, während das Messer im Vorhandgriff der Länge nach nach unten geschoben wird. Hier kann ziemlich viel Kraft angewandt werden und die Oberfläche wird eher gehobelt als gebogen, wobei Letzteres wahrscheinlicher ist, wenn das Werkstück freihändig gehalten wird.

Anwendung des Vorhandgriffs bei einem kraftvollen, aber kontrollierten Abwärtsschnitt; das Werkstück wird auf einem Baumstamm abgelegt.

Hier wird ein leichterer Schiebeschnitt angewandt, um diesen Pfannenwender zu glätten. Der feste Untergrund wird durch Auflegen des Werkstücks auf einen Hackklotz gewährleistet, der sowohl gleichmäßigen Druck auf den Schnitt als auch ein Arbeiten bis zur Kante des Pfannenwenders erlaubt.

Zum Körper schneiden

Es mag widersprüchlich zu den grundlegenden Sicherheitsregeln klingen, aber beim Schnitzen gibt es Momente, in denen man das Messer zu sich selbst ziehen muss. Es ist wichtig für Ihre Sicherheit, dies durch ein Ziehen des Griffs zum Körper zu machen, anstatt die Klinge zum Körper zu schieben. Mit dem Griff kann man sich nicht stechen. Gleichzeitig müssen Sie sicherstellen, dass die Klinge sich weg von der Haltehand bewegt.

Das Messer wird hier mit dem Griff voraus im Rückhandgriff zum Körper gezogen (und weg von der Haltehand).

Hier wird eher die seitliche Haltung angewendet. Mit dem Daumen auf der Seite der Klinge und der Schneide in einem bestimmten Winkel auf das Holz gerichtet, dient der Rest des Daumens als Führung für eine ebene Bewegung, wenn das Messer mit dem Griff voraus zum Körper gezogen wird.

Die Brusthaltung

Manchmal ist es zielführend, die Brusthaltung einzunehmen, insbesondere für Begradigungsarbeiten mit dem Messer an geraden Kanten oder zum Gestalten innenliegender Kurven. Das Werkstück wird effektiv zwischen Brustbein und die messerlose Hand geklemmt. Diese Haltung wird oft gemeinsam mit dem Rückhandgriff und einer Messerbewegung zum Körper hin verwendet.

In der Brusthaltung wird das Werkstück zwischen Haltehand und Brustbein geklemmt, wodurch eine solide Plattform entsteht, auf der man arbeiten kann.

Teilweiser Klingengriff, um den gebogenen Teil eines Allzweckmessers so zu führen, dass ein innenliegender Bogen gestaltet werden kann. Durch die Brusthaltung ist das Werkstück stabil.

Eine Variante der Brusthaltung: Der Griff des Werkstücks wird immer noch am Brustbein gehalten, obwohl Messerhaltung und Schnittrichtung sich geändert haben und weg vom Körper führen. Beachten Sie, dass die Haltehand eine sichere Position hinter der Klinge eingenommen hat.

Der Klammergriff

Dieser könnte als eine Art verstärkter Rückhandgriff betrachtet werden, da der Daumen der Messerhand für zusätzlichen Halt und Kontrolle eingesetzt wird. Ich finde aber, es lohnt sich, sie als eigenständige Technik zu betrachten, zumal sich die Schneidkante zur Messerhand bewegt. Der wichtige Sicherheitsaspekt ist hier, dass die Klinge nicht zum Daumen hin gepresst werden darf. Stattdessen wird der Messergriff in den Zwischenraum zwischen Daumen und Zeigefinger geschoben, damit die Klinge am Daumen vorbei und nicht in ihn hineingleitet.

Klammergriff mit einem Schnitzmesser. Beachten Sie, dass die Messerschneide nicht zum Daumen bewegt wird. Stattdessen wird der Messergriff in Richtung Raum zwischen Daumen und Zeigefinger gedrückt, was die Schneidkante seitlich am Daumen vorbeiführt.

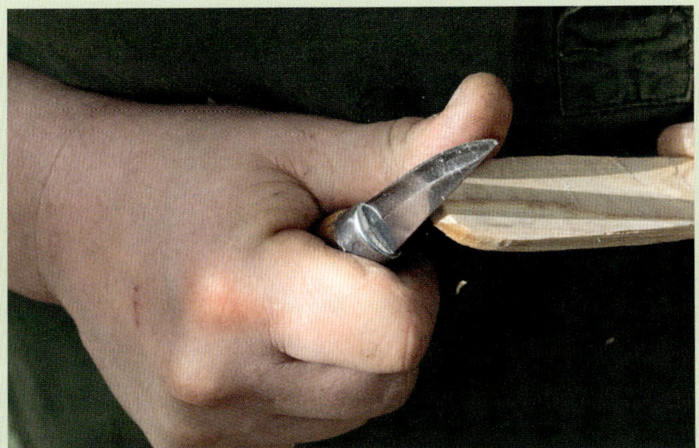

Das Messer bewegt sich seitlich am Daumen vorbei und nicht direkt auf ihn zu.

Bei diesem verstärkten Griff wird der Daumen als Drehpunkt genutzt.

Verstärkte Griffe

Verstärkte Griffe sind Standardgriffe, die durch zusätzlichen Kontakt mit dem Messer verstärkt werden, für gewöhnlich aber nicht notwendigerweise mit dem Daumen. Dies kann geschehen, um mehr Hebelwirkung zu erzeugen, aber oft auch, um ein höheres Maß an Kontrolle zu erhalten.

Der Schnitt wird hier verstärkt, indem zusätzlich der Daumen der anderen Hand auf den Messerrücken nahe der Spitze gelegt wird, was auch die Kontrolle verstärkt.

Seitlicher Griff mit Verstärkung durch den Daumen der Haltehand, um Material rund um den Rand eines flachen Löffels zu entfernen.

Bei diesem verstärkten Griff wird der Zeigefinger der messerlosen Hand als Drehpunkt genutzt, während der Rest der Hand das Werk festhält.

Ein gutes Maß an kontrollierter Kraft ist notwendig, um durch die Maserung gereiften Holzes zu schneiden. Hier wird ein Vorhandgriff mit dem Daumen der Haltehand verstärkt, wodurch dieser sowohl eine Art Klammergriff als auch einen Drehpunkt für zusätzlichen Hebel erzeugt.

Seitlicher Griff mit Verstärkung durch die Finger der anderen Hand.

Brusthebelschnitt, der zum Entfernen der Reste eines Triebs am Ast verwendet wird.

Der Brusthebelschnitt

Der Brusthebelschnitt ist ein starker und dennoch höchst kontrollierter Schnitt. Das Messer wird entweder mit dem Rückhand- oder dem seitlichen Griff gehalten, je nachdem, was Sie bearbeiten. Das Messer bewegt sich immer horizontal, nie nach oben oder unten in Richtung Körper. Das Werkstück wird durch die Haltehand an seiner Position fixiert und wird manchmal auch unter den Arm geklemmt. Das Messer wird durch das Holz gezogen. Denken Sie nicht daran, es mit der Hand zu schieben. Denken Sie daran, es mit dem Arm zu ziehen, wobei der Zug vom Ellbogen ausgeht. Tatsächlich können Sie beide Ellbogen in unterschiedliche Richtungen bewegen. Sie nutzen die Muskeln zwischen den Schulterblättern, ein bisschen wie Hühnerflügelbewegungen mit den Armen, um die Kraft zu entwickeln und gleichzeitig die Kontrolle zu behalten.

Rückhandgriff als Teil des Brusthebelschnitts. Die Klinge schneidet weg vom Körper und der messerlosen Hand.

Schnitztechniken mit der Universalaxt

Mit einer Axt zu schnitzen beschleunigt Projekte, die man potenziell mit einem Messer fertigen könnte. Das Axtschnitzen eröffnet auch die Möglichkeit, Projekte in Angriff zu nehmen, die man nur mit einem Messer nicht in Betracht ziehen würde. Ähnlich zu den Messerschnitztechniken gibt es ein paar Kerngriffe und -konzepte, die man begreifen muss. Es wird vorausgesetzt, dass die Sicherheitshinweise (Seite 60–66) gelesen wurden. Beim Axtschnitzen kann man auf einem hohen oder niedrigen Hackklotz arbeiten, ja sogar auf einem waagerechten Baumstamm am Boden. Denken Sie daran, dass Sie je nach Bedarf stehen oder knien.

Batonieren mit der Axt

Es gibt eine Reihe an Spalttechniken, die sich zum schnellen Zerkleinern von Brennholzstücken eignen. Geht es jedoch um den Beginn eines Schnitzprojekts, ist ein bisschen mehr Präzision gefragt, als es das Schwingen der Axt normalerweise erlaubt. Also wird die Axt platziert, wo der Spalt beginnen soll; dann wird mit einem Rundholz oder einem ähnlichen Holzstück mit ausreichend Gewicht auf den Nacken der Axt geschlagen, um die Axt in das Holz zu treiben.

1. *Das Axtblatt auflegen, wo der Spalt beginnen soll, dann mit dem Holzstück daraufschlagen.*

2. *Kräftig mit dem Holzstück auf den Nacken der Axt schlagen, um diese in das Holz zu treiben. Den Griff möglichst waagerecht halten.*

3. *Wenn das Werkstück sich spaltet, seien Sie aufmerksam, wo die Axt als Nächstes hingeht. Bedenken Sie die grundlegenden Sicherheitsprinzipien (siehe S. 60–66).*

1

2

3

Griffe zum Axtschnitzen

Die besten Universaläxte zum Schnitzen sind Hand- und Forstbeile. Forstäxte und größere Fälläxte sind aufgrund ihrer Stiellänge zu unhandlich zum Schnitzen. Selbst mit kleineren Äxten muss man recht oft umgreifen, vom Halten weit unten am Stiel bis hin zum Umschließen des Griffs direkt hinter dem Kopf. Manchmal wird die Hand auch auf und um die Axtkopfrückseite und den Nacken gelegt. Je weiter in Richtung Knauf die Axt gehalten wird, umso stärker ist die Hackwirkung, aber umso weniger Kontrolle bleibt erhalten. Dies ist gut für schnelles Entfernen von viel Material, nicht aber für feinere Arbeiten. Mit der Bewegung in Richtung Axtkopf wird der Radius des Bogens, den der Kopf beschreibt, verringert und der Schwung wird durch den Teil des Stiels hinter der Hand gedämpft. Wenn Sie die Hand direkt hinter den Kopf legen und die Axt vollständig umschließen, entsteht noch weniger Hebelwirkung bei noch mehr Kontrolle. Der Schwung muss nun aus dem Handgelenk statt aus dem Ellbogen kommen. Wird die Hand noch weiter nach vorne bewegt, gibt es überhaupt keinen Schwung mehr; die Axt wird eher wie ein schweres Messer verwendet – im Schiebeschnitt und nicht mit einem Axtschwung.

1. *Die Axt in der Stielmitte zu halten, gewährt gute Hackwirkung, aber auch genügend Kontrolle. Hier stammt eine beachtliche Menge Bewegung aus dem Ellbogen.*
2. *Die Hand näher zum Axtkopf zu führen, bedeutet mehr Kontrolle, aber durch Bewegung des Ellbogens ist immer noch ausreichend Schneidfähigkeit gegeben.*
3. *Das Halten nahe am Axtkopf lässt relativ feines Arbeiten zu.*
4. *Die Axt wird für kleinere, kontrolliertere Schnitte ganz nahe am Axtkopf fest umfasst.*
5. *Das Werkstück wird schräg gehalten, damit die Axt weiterhin vertikal arbeiten kann.*
6. *Die Axt noch weiter oben am Axtkopf zu halten und den Finger seitlich auf das Axtblatt zu legen, trägt zu verstärkter Kontrolle und leichterem Schnitt bei. Fast die gesamte Bewegung kommt aus dem Handgelenk.*
7. *Zum Begradigen wird quer zur Maserung gearbeitet und die Axt eher wie ein schweres Messer verwendet.*
8. *Sogar bei der Arbeit auf einem niedrigen Baumstamm ist es möglich, eine kontrollierte Schnitztechnik anzuwenden und die wichtigsten Sicherheitsprinzipien zu beherzigen.*

1

2

3

4

7

5

8

6

Löffelmesser und ihre Verwendung

Das Löffelmesser ist das fehlende Bindeglied unter den Grundlagenwerkzeugen beim Schnitzen. Mit Messer, Säge und Axt kommen Sie nicht so weit. Ergänzen Sie diese jedoch mit einem Löffelmesser, können Sie eine Schüssel formen – und schnell ansehnliche Löffel, größeres Besteck, tiefe Schüsseln, aber auch Schöpfkellen und Becher herstellen.

Löffelmesser haben gebogene Klingen.

Löffelmesser haben eine gebogene Klinge und sind daher für Rechts- oder Linkshänder verfügbar: Für Rechtshänder geht die Biegung nach links, für Linkshänder nach rechts. Eine weitere Besonderheit ist, dass das Löffelmesser über nur eine Fase (Abschrägung zur Schneidkante hin) verfügt. Sie liegt außen an der Biegung, das gebogene Innere hat keine Fase. Das Löffelmesser funktioniert in etwa wie ein Eiskugelportionierer.

Löffelmesser haben nur eine Fase an der Außenseite der gebogenen Klinge.

Wenn Sie Ihrem Schnitzset ein Löffelmesser hinzufügen wollen, wählen Sie zuerst eines in Standardgröße. Es gibt hier keinen wirklichen Standard, aber viele Hersteller erzeugen kleine Löffelmesser, was somit de facto ihr Standard ist und sich für die Herstellung kleiner Löffel zum Essen bis hin zu mittelgroßen Löffeln eignet. Löffelmesser mit größerem Durchmesser sind für größere Löffel gedacht. Ich empfehle Ihnen statt eines zweischneidigen Messers, das genügsame Anfänger oft anspricht, ein für Ihre dominante Hand geeignetes Löffelmesser zu kaufen. Die zweischneidigen Klingen führen oft zu unverhältnismäßig vielen Schnitten in die Schnitzerhände.

An dieser Stelle soll daran erinnert werden, dass es hier nicht um eine Vollausstattung für das Grünholzschnitzen geht, sondern um Können und Werkzeug für unterwegs – entweder mit einem federleichten Werkzeugsatz oder in einem provisorischen Lager eventuell mit mehr Werkzeug, das aber immer noch sehr allgemein gehalten sein wird. Wir haben zum Beispiel keinen ganzen Satz aus geraden und gebogenen Stechbeiteln zur Hand.

Mit einem zusätzlichen Löffelmessers zum Universal-Holzmesser können Sie leicht hübsche Löffel herstellen.

Die Ausrüstung, mit der sich die Mehrheit der Schnitzprojekte in diesem Buch fertigstellen lässt, besteht aus einer Universalaxt, einem Universal- und einem Löffelmesser. Spezialwerkzeuge helfen, Zeit und Aufwand zu sparen und ermöglichen ein präziser gefertigtes Endprodukt. Der umherziehende Holzhandwerker muss jedoch mit einer sehr begrenzten Werkzeugauswahl herstellen, was er braucht.

Verwendung eines Löffelmessers

Die folgenden Anweisungen haben sich bewährt und decken die häufigsten Fehler ab, die ich schon viele Male beobachtet habe. Nachdem Sie das Löffelmesser in die Hand genommen haben, ist es das Wichtigste, zu vermeiden, sich selbst zu schneiden oder Ihre Schnitzarbeit zu zerstören.

Das Holz variiert von Holzart zu Holzart. Einige Hölzer sind sehr fein, andere sehr grob gemasert. Wo auch immer sich das Holz, mit dem Sie schnitzen, auf dieser Skala befindet, mit dem Löffelmesser müssen Sie aufpassen, dass Sie die Holzfasern nicht aus dem Werkstück ziehen, wo die Vertiefung sein soll und die Oberfläche verpfuschen. Aus diesem Grund empfehle ich Ihnen, weitgehend quer zur Maserung zu arbeiten, insbesondere beim Anlegen der Vertiefung. So lassen sich die Fasern sauber schneiden, und werden nicht aus dem Werkstück gerissen, was auch über den Rand der Vertiefung hinausgehen kann.

Damit der Schnitt quer zur Maserung gelingt, sollten Sie das Löffelmesser ähnlich wie beim Klammergriff (siehe S. 136) halten. Die wichtigste Ähnlichkeit besteht darin, den Griff des Löffelmessers zu dem Bereich zwischen Zeigefinger und Daumen zu führen, nicht zum Daumen, sonst gibt es einen ärgerlichen, halbmondförmigen Schnitt an Ihrem Finger.

Grundsätzlich sollte man ein Löffelmesser für die dominante Hand verwenden. Als Rechtshänder also ein Rechtshänder-Löffelmesser verwenden. Mit dem Schneiden quer zur Maserung und in sie hinein beginnen. Eine Reihe von sich überschneidenden Schnitten ausführen, um eine Seite der Vertiefung auszuarbeiten. Das Werkstück dann um 180 Grad drehen und den Vorgang mit demselben Löffelmesser auf der anderen Seite des Werkstücks ausführen.

Sobald Vertiefung an Ihrem Werkstück (bei Löffeln auch „Laffe" genannt) ausreichend ist, können Sie beginnen, an jedem Ende der Anfangsschnitte zu schaben, um die notwendige Biegung dafür zu erhalten. So zu schneiden, mindert die Wahrscheinlichkeit, Fasern aus dem Bereich zu ziehen, der die Vertiefung werden soll.

1. *Damit beginnen, quer zur Faser zu schneiden. Den Daumen gegenüber der Schneide auf das Werkstück legen und den Löffelmessergriff eher mit den Fingern in Richtung Raum zwischen Daumen und Zeigefinger drücken als die Schneide zum Daumen zu führen.*

2. *Mit einem Löffelmesser für die dominante Hand arbeiten und das Werkstück mit der anderen Hand festhalten.*

3. *Das Werkstück um 180 Grad drehen, um an der anderen Seite der Vertiefung zu arbeiten, statt mit einem Löffelmesser für die andere Hand.*

1

2

3

4. *Sobald Sie mit dem Formen der Vertiefung an Ihrem Werkstück begonnen haben, können Sie vom Rand der Vertiefung aus arbeiten, statt nur senkrecht zur Maserung. Dies ist nur ein flacher Löffel, aber das Prinzip bleibt unabhängig von der Tiefe immer dasselbe.*

5. *Hat die Vertiefung eine gewisse Tiefe, können Sie mit weniger Risiko in Maserungsrichtung arbeiten.*

6. *Sobald die Vertiefung Form annimmt, können Sie vom Rand aus in Maserungsrichtung, nicht quer dazu, arbeiten. Damit beginnen, in die Vertiefung und somit ins Hirnholz zu schneiden, dann den Winkel verringern, die Vertiefung entlang schnitzen und dabei das Material abtragen.*

7. *Hier arbeite ich in Maserungsrichtung am Rand der Vertiefung. Beachten Sie, wie der weniger gebogene Teil der Löffelmesserklinge hier verwendet wird. Denken Sie daran, eher quer zur Maserung gegen Löffelende hin zu schneiden, damit die Fasern nicht herausgezogen werden oder der Rand ausbricht.*

4

6

5

7

Herstellung von Holzbesteck

Mit einem Repertoire an Schnitztechniken lässt sich nützliches Besteck für das Lager schnitzen, von kleinen Esslöffeln bis hin zu größeren Helfern wie Pfannenwendern, Servierlöffeln, Schöpfkellen und sogar Tassen. Gegenstände selbst herzustellen, die man verwenden und pflegen kann, ist ein wunderbares Erfolgserlebnis. Sie können sie nach Ihren Wünschen in Bezug auf Größe, Funktion und Robustheit herstellen. Dem liegen die in diesem Kapitel beschriebenen Grifftechniken für Messer und und Axt zugrunde, auf die aufgebaut wird und die auf kreative Weise Anwendung finden.

Rechts*: Besteck, das der Autor aus wilder Kirsche geschnitzt hat.*

Pfannenwender

Als Schnitzprojekt steckt im Pfannenwender viel Übungspotenzial. Er ist weniger komplex als ein Löffel, erfordert aber alle grundlegenden Axt- und Messer-Schnitztechniken, die bei fast jedem Projekt angewandt werden, mit Ausnahme der Verwendung des Löffelmessers zum Herstellen einer Vertiefung. Sie brauchen ein Ausgangsstück (Rohling) aus Holz, das zu dick zum Spalten mit dem Messer ist, weshalb dazu die Axt zum Spalten des Rundholzes ins Spiel kommt. Danach können Sie die Form mit der Axt weiter ausarbeiten. Meine Herausforderung für Sie: Testen Sie, wie weit Sie beim Formen des Pfannenwenders kommen, bevor Sie auf ein Messer zurückgreifen müssen! Dies hilft ungemein beim Verbessern der Axtschnitztechnik, vor allem, wenn Sie darin noch recht neu sind.

1. *Den Rohling mit der Axt durch Batonieren spalten.*

2. *Eine gute, ebene Grundfläche auf der Innenseite der verwendeten Hälfte erzeugen.*

3. *Sobald Sie mit der Grundlinie auf der Innenseite des gespaltenen Teils zufrieden sind, das Splintholz von der Außenseite entfernen. Das Ziel ist das Erarbeiten einer parallel zur Grundlinie verlaufenden Fläche.*

1

3

2

4. *Als Nächstes den Umriss einer Schablone aus Pappe oder eines bereits bestehenden Pfannenwenders nachzeichnen.*

5. *Nun bis zu den angezeichneten Hilfslinien schnitzen.*

6. *Hier arbeite ich möglichst weit die Maserung hinunter, bevor ich das Werkstück wende, um es vom anderen Ende her anzugehen.*

7. *Nach dem Umdrehen des Werkstücks führe ich den Bogen nach unten weiter, um die Fasern, die beim Schnitzen von der anderen Richtung entstanden sind, zu entfernen.*

8. *Als Nächstes arbeite ich an der Form unten an der Kante des Pfannenwenders.*

9. *Beachten Sie, dass die Axt hier von der Hand umschlossen ist und die Hackbewegungen mit der Axt leicht sind, eher ein Schneiden quer zur Maserung.*

10. *An der ausgeschnittenen fertigen Form des Pfannenwenders vertiefe ich die „Schaufel".*

11. *Verjüngen der Kante der „Schaufel".*

12. *Mit einer scharfen Axt kann quer zur Maserung gearbeitet werden, um die Oberfläche weiter zu ebnen.*

13. *Ein prüfender Blick, was noch erledigt werden muss. Bis jetzt wurde dies alles mit einem Universal-Forstbeil ausgearbeitet.*

4

7

5

8

6

9

14. *Weiter die Kante der Vertiefung verfeinern und die Axt wie ein schweres Messer verwenden.*

15. *Dies ist schon ein verwendbarer Pfannenwender, vollständig mit der Axt geschnitzt. Falls gewünscht, können Sie ihn noch mit dem Messer verfeinern. Im Folgenden lesen Sie von der Anwendung des Messers.*

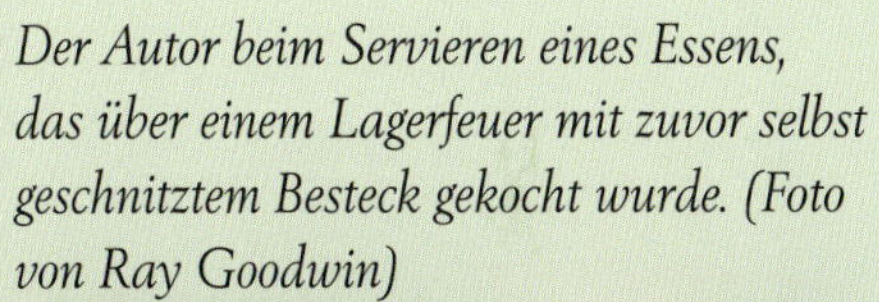

Der Autor beim Servieren eines Essens, das über einem Lagerfeuer mit zuvor selbst geschnitztem Besteck gekocht wurde. (Foto von Ray Goodwin)

Schnitzen von größeren Löffeln

Das Schnitzen von größeren Löffeln ist eine Erweiterung des Obenstehenden. Wenn Sie nämlich alle Schritte für das Schnitzen kleiner Speiselöffel beherrschen und mit der Axt an weiteren Stücken üben, bevor Sie sich größeren Objekten wie Pfannenwendern zuwenden, haben Sie eine gute technische Basis für die Herstellung größerer Löffel. Sie sind in der Campküche nützlich zum Vermengen, Umrühren und Servieren.

Wenn Sie einen relativ geraden Löffel mit etwas tieferer Vertiefung herstellen wollen, beginnen Sie mit einem halben Rundholz, das dick genug ist, um die Tiefe der Vertiefung unter der Griffebene unterzubringen. Wenn Sie einen größeren Winkel zwischen Vertiefung und Griff wünschen, und dieser schräg verlaufen soll, ist der Griff höher als der Rand der Vertiefung. In diesem Fall brauchen Sie ein passendes Holzstück. Die erste Wahl ist das Finden eines dickeren Holzstückes. Die zweite Option ist die Wahl eines Holzstücks, das zwar nicht unbedingt so dick ist, aber bereits die benötige Biegung für die gewünschte Form aufweist. Dies hat den zusätzlichen Vorteil, dass die Maserung der Löffelform entspricht, was diesem zusätzlich Stärke verleiht. Wenn Sie zu tiefen Servierlöffeln mit gebogenen Griffen oder zu Schöpfkellen übergehen wollen, müssen Sie nach Abschnitten von Bäumen mit Ästen mit der gewünschten Schräge Ausschau halten. Die Vertiefung kann aus dem Hauptstamm des Baumes geformt werden, während der Griff aus dem Ast entsteht.

Große, formschöne Löffel machen ziemlich viel Arbeit und können Anfänger abschrecken. Ich empfehle, den Anfang mit dem Schnitzen eines flachen Löffels zu machen, weil er nur einen Arbeitsschritt weiter geht als der Pfannenwender und festigt, was Sie bereits gelernt haben. Die grobe Form erhalten Sie exakt so wie beim Pfannenwender. Nun betrachten wir, wie man die Arbeit mit Messer und Löffelmesser fertigstellt.

Die frühe Formgebung eines Löffels oder eines Pfannenwenders ist recht mechanisch. Man durchläuft Phasen in einem Prozess, der zu einer in das Holz gehauenen Form führt, die mehr oder weniger Form und Größe in einer Ebene und Höhe aufweist, wie das Objekt, das man herstellen möchte. Sobald Sie jedoch diese Form erreicht haben, wird der Vorgang etwas freier. Das Ziel ist es, das gesamte Werkstück zu verfeinern, indem Beulen und Schönheitsfehler vermindert werden, etwa durch das Glätten von Oberflächen und Biegungen, das Entfernen von Kanten, wo keine sein sollen und das Ausarbeiten definierter Formen, wo sie gewollt sind. Einige Menschen arbeiten hier gern nur mit einem Messer, ohne Schleifpapier oder Ähnlichem, um das Werk zu glätten. Voraussetzung dafür sind ein scharfes Messer, ein gutes Auge und ein geschickter Umgang mit dem Messer, um endgültige Schnitte zum Versäubern zu setzen. Ganz gleich, für welche Schlussbehandlung Sie sich entscheiden, bedenken Sie, dass Sie mit einem einzigartigen Stück Naturmaterial arbeiten. Darum müssen Sie Ihre Messerschnitztechniken flüssig und flexibel anwenden können, um die gewünschte Form zu erhalten. In der Folge werden einige davon angewandt.

Links: *Die Vertiefung dieses Servierlöffels wurde vom Autor aus dem Stamm einer Birke geschnitzt, wobei der Löffelstiel von einem Ast, der seitlich aus demselben Baum wuchs, entstammt. Dies sorgt sowohl für den notwendigen Winkel als auch eine gewisse, ihm eigene Widerstandskraft.*

Die Grundform dieses flachen Löffels wurde mit einer Axt ausgearbeitet.

1. *Nun sind Messer und Löffelmesser an der Reihe, um aus dieser Form ein brauchbares Stück Besteck zu machen.*

2. *Mit der Vertiefung an der Brust in Brusthaltung den Griff mit dem Schnitzmesser in Klingenhaltung ebnen.*

3. *Anwendung des Klammergriffs beim Verfeinern der Biegung an der Löffelvorderseite.*

4. *Ein ziehender Messerschnitt mit Rückhandgriff zum Verfeinern des Löffelstiels.*

5. *Ein Schiebeschnitt. Das Werkstück ruht auf dem Hackklotz.*

3

1

4

2

5

6. *Mit einem Schnitt zum Körper wird der Stiel begradigt.*

7. *Erneut in Brusthaltung, nun mit dem Griff an der Brust und dem Messer irgendwo zwischen Rückhand- und seitlicher Haltung.*

8. *Ein verstärkter Schnitt zum Formen der Außenseite der Vertiefung.*

9. *Die seitliche Haltung in Kombination mit einer leichten Brusthaltung, um Material von der Unterseite einer flacheren Vertiefung abzutragen.*

10. *Formen der Vertiefung eines flachen Löffels.*

11. *Finger und Daumen zum Prüfen der Dicke verwenden, um zu wissen, wo noch mehr Material von der Vertiefung entfernt werden muss.*

12. *Der fertige flache Löffel mit den Werkzeugen, die für seine Herstellung benutzt wurden.*

Die obenstehenden Techniken lassen sich auf tiefere Löffel mit relativ geraden Griffen anwenden. Der Trick bei tieferen Löffeln mit größeren Vertiefungen, die aus größeren Holzstücken geschnitzt werden, ist, das Material im Vertiefungsbereich vor dem Aushöhlen nicht zu lange Zeit liegen zu lassen. Sobald das Holz gespalten wird und beim Wegschnitzen der äußeren Schicht der Luft ausgesetzt ist, trocknet es schnell aus. Das ist kein Problem bei einem relativ schlanken und flexiblen Griff, aber ein massiver Schalenbereich voller Holz beginnt, sich zu verziehen und zu reißen, wenn er als fester Klotz belassen wird. Deswegen entfernen einige Schnitzer dieses Material lieber, noch bevor sie andere Teile des Löffels fertigstellen, insbesondere wenn sie draußen in warmer, trockener Luft arbeiten. Tatsächlich erlaubt Ihnen das sofortige Entfernen des Materials der Vertiefung, das Projekt danach wegzulegen und später fertigzustellen – mit weniger Risiko, es zu ruinieren.

13. *Versäubern der Vertiefung eines Löffels, der bereits einige Wochen zuvor ausgehöhlt wurde.*

6

7

8

9
12
10
13
11

Schlussbehandlung Ihrer Projekte

Mit dem Messer geglättet oder geschliffen? Auch wenn jeder Holzschnitzer seine Meinung und Vorliebe hat, gibt es kein universales Richtig oder Falsch. Dabei geht es nicht nur um ästhetische Vorlieben, sondern auch um die Frage nach Funktion, Langlebigkeit und Hygiene. Wenn Sie einen Servierlöffel herstellen, der Teil eines Küchensets wird, das von einer Vielzahl an Kollegen und Kursteilnehmern verwendet – und gereinigt – wird, fertige ich es schlichter und glatter an als ein kunstvoll verziertes Ausstellungstück. Ich will etwas, das recht wasserunempfindlich ist, nicht leicht bricht und in dessen Riefen und Ecken kein Essen hängen bleibt. Es soll sich leicht reinigen und – falls notwendig – ölen lassen.

Schleifmaterialien

Schleifpapier sorgt für eine glatte Oberfläche, kann aber auch die mühsam geschnitzten Details entfernen, die Sie mit eigener Hände Arbeit geschaffen haben. Setzen Sie das Schleifen nicht ein, um schlampiges Schnitzen zu vertuschen. Es sollte zu einem Ergebnis führen, das mit der Axt oder dem Messer nicht möglich ist. Trotzdem empfehle ich, nicht zu stark zu schleifen, vor allem nicht an den Rändern; sonst wirkt das Werk undefiniert – so etwas können Sie auch im Laden kaufen. Letztlich ist das aber auch eine Frage des persönlichen Geschmacks.

Schleifpapier kann für glatte Oberflächen von Schnitzprojekten verwendet werden. Legen Sie zumindest solches mit grober, mittlerer und feiner Körnung in Ihr Schnitzset.

Schleifpapier ist leicht erhältlich und kostengünstig. Ich finde, es hält nicht lange, vor allem, wenn man gebogene Oberflächen schleift. Außerdem ist es wasserempfindlich. Es gibt gute Alternative für den umherreisenden Holzhandwerker, auf die mich ein Kollege gebracht hat. Abranet™ ist ein Netzmaterial aus Plastik zum Schleifen. Es ist für Schleifmaschinen konzipiert und lässt sich viele Materialien anwenden; wir finden, es funktioniert auch gut zum Handschleifen von Pfannenwendern, Löffeln, Tassen und Brettern. Zusätzlicher Vorteil: Es ist robust und langlebig und wenn es draußen nass wird, macht das nichts. Sollte das Netz einmal verstopfen, klopfen Sie den Staub einfach aus dem Gewebe und das Netz ist wieder so gut wie neu. Im Schnitzset braucht man nur ein Blatt je Körnung.

Schleifnetzbögen von grob bis fein.

Schleifnetzbögen in den Körnungen, die ich in meinem Schnitzset habe. 80 ist meist zu grob. Normalerweise beginne ich mit 120 oder 180 und höre bei 320 auf.

Unabhängig davon, ob Sie Schleifpapier oder Schleifnetz verwenden, lassen Sie Ihre Arbeit durchtrocknen, bevor Sie sie schleifen. Übrigens sollten Sie versuchen, Grünholzarbeiten nicht zu schnell zu trocknen. Langsames, natürliches Trocknen ist am besten. Ein kleines Werkstück braucht dazu nur wenige Tage.

Sie erhalten die besten Schleifergebnisse, wenn Sie sich durch die Körnungen arbeiten, ähnlich wie beim Schärfen Ihres Werkzeugs. Vorsicht bei groben, hochaggressiven Schleifmaterialien. Sie wollen Ihr Werk nicht umformen, sondern lediglich bereits vorhandene Formen angleichen.

Verwendung eines Schleifnetzes bei einer großen Laffe (Vertiefung des Löffels).

Ölen

Wenn ich mit dem Schleifen fertig bin, öle ich Besteck, Becher und Bretter für gewöhnlich. Dies trägt dazu bei, das Holz vor Feuchtigkeit im Allgemeinen und Lebensmitteln im Speziellen zu schützen. Es hilft dabei, dass die Werkstücke sich beim Kochen oder Abwaschen nicht mit Wasser vollsaugen und weniger Aromen annehmen. Ich benutze normalerweise Walnussöl. Es hat den Vorteil, dass es nach dem Auftragen einer dünnen Schicht trocknet, wodurch das Besteck nicht fettet. Das Öl wird auch nicht ranzig, wenn es einmal getrocknet ist. Es ist lebensmittelecht und bestens zum Einölen geeignet, außer für Nussallergiker.

Walnussöl in kleinen Flaschen gibt es im Lebensmittelhandel.

Weitere lebensmittelechte Öle, wie Maiskeim- oder Olivenöl können alternativ verwendet werden, trocknen aber nicht. Maiskeimöl bleibt eher klebrig und Olivenöl fettet ein wenig nach. Olivenöl ist überhaupt kein besonders widerstandsfähiges Öl zum Versiegeln, weil es nicht besonders gut am Holz haften bleibt. Wenn Sie Olivenöl verwenden, müssen Sie es regelmäßig nach der Benutzung des Gegenstandes neu auftragen. Grundsätzlich sollten Sie vermeiden, Holzbesteck mit Geschirrspülmittel und Reinigungsmitteln in Kontakt zu bringen. Diese chemischen Mittel sind dazu konzipiert, Öle und Fette zu entfernen. Das ist bei der Versiegelung Ihres Bestecks unerwünscht.

Gegenstände „haltbar machen"

Ich lasse gerne eine Patina aus Tanninen und Öl auf meinen kleinen Löffeln zu. Sie trägt dazu bei, das Holz zu versiegeln und zu schützen, was seine Lebensdauer verlängert. Außerdem sorgt sie für Charakter. Versuchen Sie, den Löffel nicht mit Scheuerschwämmen oder zu viel Spülmittel zu reinigen, da dies die Öle auf dem Holz entfernt. Ein Schwamm und warmes Wasser oder ein Stück Küchenrolle sind alles, was Sie zum Reinigen brauchen, ohne die Versiegelung zu zerstören.

Ein häufig genutzter Löffel mit guter Patina an der Vertiefung. Der Griff liegt nicht nur angenehm in der Hand, sondern er passt auch in die ineinandergreifenden Griffe des Bechers, um dort beim Lagern gut verwahrt zu sein.

Camping-wissen für den Wald

Ein simpler Lageraufbau mit einer schnellen, einfachen Topfaufhängung.

Schnelle und einfache Topfaufhängungen

Man kann einen Topf oder einen Kessel auf unterschiedliche Weisen über dem Feuer aufhängen. Einige sind einfach, manche komplizierter; einige sind sich für bestimmte Untergründe besonders gut geeignet, andere gar nicht. Die Umgebung ist in dieser Hinsicht der König und als Outdoor-Mensch sollte man einige Techniken im Repertoire haben, damit eine davon zu den Umständen passt. Bei all den Varianten, einen Kochtopf, eine Pfanne oder einen Kessel über einem Lagerfeuer anzubringen, könnte man ein Buch allein darüber schreiben. Nach meiner Erfahrung lassen sich einige dieser Methoden jedoch besser und somit häufiger anwenden als andere.

Außerdem gibt es bei den Schlüsselpunkten der verschiedenen Topfaufhängungen Gemeinsamkeiten, die sich auf ein paar Kernkonzepte herunterbrechen lassen. Darüber hinaus gibt es einige Schlüsseltechniken, z. B. die Henkelkerbe (siehe S. 168), mit denen einige Aufhängungsmethoden funktionieren. Es scheint mir also am besten, in diesem Buch die Vorschläge für gebräuchliche Techniken für Topfaufhängungen auf das Wesentliche zu reduzieren. Hier ziele ich darauf ab, Methoden zu liefern, die ich teils oder gänzlich sinnvoll finde und beschreibe insgesamt eine ausreichende Bandbreite an Techniken, die für die meisten Umstände eine Lösung bieten sollte.

Zuerst sollten wir die einfachen Topfaufhängungen aus nur einem Stock (auch Topfaufhänger, Galgen oder in englischsprachigen Quellen als „Waugun-Stick", im Folgenden als „Waugun-Stock*" bezeichnet) in Erwägung ziehen. Der Ursprung dieses englischen Begriffs ist vielen ein Rätsel. Bernard S. Mason liefert allerdings in *Woodcraft & Camping* eine klare Erklärung für seine Herkunft: „Das simpelste und am schnellsten zusammengezimmerte Gerät zum Aufhängen eines Kessels wird … Wambeck, Spygelia oder Waugun-Stick genannt – je nachdem, in welchem Teil der Wälder im Norden oder Osten Amerikas Sie sich befinden und mit welchen Indigenen Sie sprechen. Sie haben dafür auch ein Wort, nämlich Chiplok-Wagan oder Kit-

Einfacher und eleganter Waugun-Stock über einer kleinen Kochstelle.

Chiplok-Wagan, was durch Verfälschung offensichtlich zum ‚Waugun-Stick' wurde. Diese Gerätschaft reicht nur für einen Kessel und ist gut für eine kleine Kochstelle."

Wenn Sie einen Stock mit Gabelung auftreiben können, kann dies ideal sein, um den Topf an Ort und Stelle zu halten – entweder indem er auf eine der Gabelungen gehängt wird oder indem eine der Gabelungen verhindert, dass der Topf den Stock entlang nach unten rutscht. Bevor Sie den Stock in den Boden einschlagen, vergewissern Sie sich, wo sein stabiles Gleichgewicht liegt, indem Sie ihn sich unter seinem Eigengewicht dorthin drehen lassen, wo er verweilen will. Zwingen Sie ihn nicht in eine Position, in die er nicht von alleine fällt. Bei leicht gebogenen Stöcken liegt ein stabiles Gleichgewicht in der Regel unten außerhalb der Biegung. Richten Sie den Stock andersherum aus, besteht die Gefahr, dass er sich dreht, wenn er die Last eines vollen Wassertopfes aufnehmen soll. Dies löst den Stock aus dem Boden der Inhalt des Topfes wird verschüttet.

Dieses Konzept, ein stabiles Gleichgewicht zu finden, ist besonders wichtig, wenn Sie keinen Stock mit Gabelung finden. Sie müssen dann eine Kerbe in den Stock schnitzen, um darin den Griff des Topfes aufzuhängen. Wenn der Stock sich dann aus seiner ersten Position löst und die Kerbe somit nicht länger nach oben zeigt, kann er den Topf nicht länger halten. Vergewissern Sie sich daher zuerst, wie der Stock im stabilen Gleichgewicht liegt und schnitzen Sie dann eine Kerbe hinein. Diese Art Kerbe wird manchmal auch als halbrunde Kerbe bezeichnet.

Detail des gegabelten Endes, sauber und recht kurz abgeschnitten, um das Aufhängen und Abnehmen des Topfes vom Stock nicht zu behindern.

Der Griff dieses Topfes liegt in einer Kerbe, die in den Stock geschnitzt wurde, wodurch er nicht mehr von dem schrägen Stock herunterrutschen kann.

* Je nach Anwendungsfall wird der Waugun-Stock in anderen Quellen auch als Galgen, Schwenkarm o. Ä. bezeichnet. In diesem Buch wird die von den Indigenen Amerikas geprägte Bezeichnung verwendet.

1
4
2
5
3
6

7

8

9

Eine halbrunde Kerbe schnitzen

Diese Art Kerbe ist nützlich für einfache Waugun-Stöcke, aber auch für andere Bereiche im Lager. Sie ist nicht kompliziert, aber Sie müssen aufpassen, sich nicht zu schneiden, wenn Sie sie am Ende eines Stocks einschnitzen.

1. *Den Stock mit festem Griff möglichst nahe am Ende halten. Dann einen Stoppschnitt quer über den Stock schneiden.*

2. *In und unter die Rinde schneiden in Richtung Stoppschnitt.*

3. *Zu diesem Zeitpunkt ist der Stoppschnitt flach und reicht innen nur knapp unter die weiche Rinde. Achten Sie darauf, nicht über ihn hinaus zu schneiden. Arbeiten Sie langsam.*

4. *Den Stoppschnitt vertiefen, dann erneut nach unten in seine Richtung schneiden.*

5. *Mit jedem Mal den Stoppschnitt vertiefen.*

6. *Das Vertiefen des Stoppschnitts bereinigt auch vorige Schnitte, falls an diesen noch einige Fasern hängen.*

7. *Diesen Prozess fortführen. Der Stoppschnitt nimmt Form an. Sie können größere Scheiben entfernen, ohne Gefahr zu laufen, darüber hinaus zu schneiden.*

8. *Dies ist die halbrunde Kerbe, die Ihren Topfgriff hält.*

9. *Die fertige Kerbe von der Seite aus betrachtet. Nicht weiter als durch den halben Durchmesser des Stocks schneiden, um diesen nicht übermäßig zu schwächen.*

Abstützung der Last

Der einfachste Topfhalter ist einfach nur ein Stock im Boden, der weich genug ist, um ihn hineinstecken zu können, aber fest genug, dass der Stock nicht aus dem Boden „ausbricht", wenn er beladen wird. Wenn der Stock beginnt, unter dem Gewicht des Topfes oder Kessels, der an sein Ende gehängt wird, zu sinken, kann man ein Rundholz oder einen Baumstamm verwenden, der im rechten Winkel zum Waugun-Stock gelegt wird. Oder man verwendet einen Stein, um die Last auf den Boden zu verteilen. Die Unterstützung von Y-förmigen Stöcken, Steinen und Baumstämmen kann sicherlich hilfreich sein, aber auch zu einem instabilen System führen, das vielleicht grundsätzlich schon wackelig oder anfällig auf jede Seitwärtsbewegung reagiert. Das kann leicht zu einem verschütteten Abendessen führen. Ebenso kann das Beschweren mit Steinen, Stämmen oder anderem Gewicht am Ende des Waugun-Stocks dazu beitragen, dass der Stock sich nicht aus dem Boden löst, sondern darin stecken bleibt. Ebenso kann diese Last aber auch mehr Kraft auf alles ausüben, was den Stock näher am Feuer hält, und so zu erhöhter Instabilität führen.

Wenn der Boden leicht zugänglich ist, ist es ein besserer Weg, das Ende des Stocks in den Boden zu stecken, ohne ihn stark zu belasten. Eine gängige Methode der Befestigung des Stocks besteht darin, einen geraden Ast mit einem Seitentrieb zu nehmen und beide etwa 20–30 cm von der Gabelung aus abzuschneiden. Den Hauptast an der Unterseite anspitzen. Diese kann dann in den Boden gehämmert werden, wobei der schräg nach unten zeigende Seitenast das Ende des Waugun-Stocks an seinem Platz hält (siehe Abbildung 3). Bedenken Sie, dass das Ziel nur ist, den Stock an einem Aufsteigen zu hindern, nicht ihn in den Boden zu drücken. Sie können mit dem Einschlagen des gegabelten Aststücks aufhören, sobald diese in Kontakt mit dem Waugun-Stock kommt. Diese Technik lässt sich auch bei komplexeren Topfaufhängungen anwenden.

1. Der Baumstamm verteilt das Gewicht und hindert den Waugun-Stock daran, auf den Boden zu sinken.

2. Um den Waldboden nicht zu beschädigen, haben wir das Feuer in einem ausgetrockneten Seitenlauf des Flusses angezündet. Der Stock für die Topfaufhängung wurde unten in die Böschung des Flussufers gesteckt und von einem Stein unterstützt.

3. Verwendung eines gegabelten Aststücks zum Feststecken eines Waugun-Stockes.

4. Kursteilnehmer haben hier improvisiert, indem sie den Waugun-Stock mit einem kurzen, y-förmigen Ständer abgestützt haben.

5. Die Wand eines bestehenden Feuerkreises und die Unterseite eines Steinhaufens, der als Sitzplatz oder Tisch gedacht war, werden hier zur Befestigung des Waugun-Stocks genutzt. Die gesamte Umgebung hat einen Untergrund aus festem Stein, der niemals Holzstöcke halten würde, also sind Alternativen gefragt.

1

2

3

4

5

Topfhalterung mit Spannmethode

Dies ist eine mechanisch einfachere Lösung als die oben genannten Waugun-Stöcke, die sowohl am einen Ende am Boden als auch am anderen Ende in der Luft gehalten werden müssen. Im Gegensatz dazu kann diese Spannmethode aus einer einzigen langen, dünnen Stange bestehen, die über das Feuer „gespannt“ wird. Sie ist eine Topfhalterung, die sich auf der einen Seite des Feuers am Boden befindet und auf der anderen Seite des Feuers abgestützt wird. Es entsteht keine Hebelwirkung nach oben. Solange der Untergrund stabil ist, ist dies die einfachste und stabilste Topfhalterung. Als Stütze kann ein Felsen oder Baumstumpf an geeigneter Stelle dienen.

Alternativ und allgemeiner im Wald anwendbar nimmt man einen aufrechten Stützstock (am besten mit einer Gabelung oben zum Einlegen des langen Stocks, im Folgenden Steher genannt) und treibt ihn in den Boden. Dieser Steher sollte einen guten Abstand vom Feuer haben, damit er nicht verbrennt.

Diese Halterung bietet zusätzlich den Vorteil einer gewissen Verstellbarkeit, auch wenn sie in dieser Hinsicht nicht so gut funktioniert wie die „echten“ einstellbaren Topfaufhängungen, die später in diesem Kapitel beschrieben werden. Durch Hin- und Herschieben des langen Stocks wird der Winkel und damit gleichzeitig die Höhe des Topfes verändert, der über dem Feuer herabhängt.

Sie müssen nur den langen Hauptstock vorbereiten, indem Sie alle Seitenäste entfernen und in die Mitte des Stocks eine Kerbe und weitere Kerben mit etwas Abstand voneinander schneiden, um den Griff eines Topfes oder Kessels darin einzuhängen. Der Stock sollte 2,40–2,75 m lang, mindestens 25 mm dick und aus Grünholz sein. Letzteres ist wichtig, da er das Feuer überspannt.

Durch Hin- und Herbewegen des Stocks und das Anbringen einiger Kerben in Abständen, um den Topf je nach Neigungswinkel des langen Stocks hin und her bewegen zu können, erlangen Sie eine gewisse Freiheit, den Topf tiefer oder höher zu hängen. Vielleicht müssen Sie aber auch das Feuer etwas verlagern, damit es noch unter dem Topf brennt. Aufgrund des allmählich ansteigenden Winkels des Stocks lässt sich der Topf vielleicht auch nicht so stark in der Höhe verstellen, wie Sie möchten. Wenn Sie eine bessere Einstellbarkeit wünschen, insbesondere wenn Sie mehrere Kerben schnitzen wollen, sind Sie wahrscheinlich mit einer wirklich verstellbaren Topfaufhängung besser beraten, z. B. mit einem verstellbaren Waugun-Stock mit einem senkrechten Topfhaken mit schnabelförmigen Kerben (sogenannten „Henkelkerben“) oder einem Dreibein (Tripod). In beiden Fällen kann man den Topf problemlos vertikal bewegen.

Um den Topf von der beschriebenen Halterung mit Spannmethode abzunehmen, sollte das obere Ende des langen Stocks am besten angehoben werden, wodurch das untere Ende am Boden als Drehpunkt dient. Das angehobene Ende nun zur Seite schwenken und so den Topf von der Flamme nehmen. Dann das angehobene Ende des Stocks absenken, bis der Topf am Boden steht.

1. *Eine halbrunde Kerbe in den langen Stock schneiden und darauf achten, dass sie nicht mehr als ein Drittel der Gesamtlänge vom Ende des Stocks entfernt ist.*

2. *Den Stock so ausrichten, dass der Stoppschnitt der halbrunden Kerbe zur nach unten geneigten Seite zeigt.*

3. *Einen Stützstock (Steher) mit Astgabel am oberen Ende einschlagen, der mindestens einen guten Schritt vom Feuer entfernt ist.*

4. *Den langen Stock mit der Kerbe über dem Feuer in den Steher legen, um eine Vorstellung davon zu bekommen, wie der Stock ausgerichtet sein muss, um den Topf direkt über das Feuer zu hängen.*

5. *Das abgestützte Ende des Stocks anheben und den Henkel des Topfes darauf schieben.*

6. *Vergewissern Sie sich, dass der Henkel des Topfes in der Kerbe liegt.*

7. *Das obere Ende des Stocks wieder zurück auf den Steher legen. Wenn der Topf höher über dem Feuer hängen soll, können Sie das obere Ende anheben und dann den Stock mit dem Topf näher zum Steher ziehen.*

8. *Dies ist ein sehr stabiles System mit genug Anpassungsmöglichkeiten für viele Verwendungszwecke.*

9. *Das obere Ende des langen Stocks anheben, um ihn vom Steher zu lösen, bevor Sie ihn zur Seite schwenken.*

10. *Den Stock nach dem Schwenk zur Seite absenken, um den Topf am Boden abzustellen. Der Stock kann dann aus dem Henkel gezogen werden.*

1

2
5
8
3
6
9
4
7
10

Verstellbare Topfaufhängungen

Um die Hitze, mit der Sie kochen, einigermaßen regulieren zu können, muss das Kochgestell oder der Schwenkarm, auf dem Ihr Kessel oder Topf befestig ist, verstellbar sein. Verstellbare Topfaufhängungen sind eine Erweiterung der Topfaufhänger aus Stöcken, die wir im vorigen Abschnitt untersucht haben, mit der die Einheit weniger statisch wird. Wenn wir beispielsweise beim Stock mit der Spannmethode den langen Stock bewegen, sodass er in der Mitte vom Steher gehalten wird, haben wir eine Art Wippe. Mit einem pfiffigen Seiltrick kann man aus der neuen Wippen-Topfaufhängung einen verstellbaren Schwenkarm machen.

Der verstellbare Schwenkarm

Bernard S. Mason schreibt die Erfindung dieser Art Schwenkarme einem Herren namens Stuart Thompson zu. An ein Ende des langen Stocks wird ein Seil gebunden, das unten am Boden befestigt wird, wodurch festgelegt wird, wie tief der Schwenkarm absinkt. Am anderen Ende des Stocks hält eine Kerbe den Henkel des Topfes. Falls der Steher in der Mitte Unterstützung braucht, können Heringe unten rund um ihn herum eingeschlagen werden – oder nur ein paar, um die und um den Steher ein Stück Schnur gebunden wird, um sie zusammenzuklemmen. Der Webeleinstek ist bei dieser Konstruktion sehr nützlich.

1. *Der verstellbare Schwenkarm.*
2. *Die Gabel des Stehers fungiert als Dreh- und Angelpunkt.*
3. *Eine halbrunde Kerbe am einen Ende des langen Stocks. Beachten Sie die Ausrichtung der Kerbe.*
4. *Am anderen Ende des Stocks wird eine Schnur befestigt.*
5. *Die Schnur wird dann am Boden befestigt.*
6. *Die Höhe des Topfes wird angepasst, indem man die die Schnur mehr oder weniger oft um den Stock wickelt.*
7. *Mit maximal gelöster Schnur senkt der Schwenkarm den Topf an seinen niedrigsten Punkt.*
8. *Der Schwenkarm mit niedrig gesenktem Topf.*
9. *Eine Umwicklung mehr, dann ist der Schwenkarm auf mittlere Höhe eingestellt.*
10. *Der Schwenkarm mit dem auf mittlerer Höhe hängenden Topf.*
11. *Zweimal umwickelt, ist der Schwenkarm am höchsten eingestellt.*
12. *Der Schwenkarm mit hoch hängendem Topf.*

1

2

3

4
7
10
5
8
11
6
9
12

Verstellbarer Waugun-Stock mit Henkelkerbe

Im Wesentlichen nutzt man für dieses Topfaufhängungssystem den rudimentärsten Waugun-Stock mit fester Höhe, gibt einen Steher zur Unterstützung hinzu, fixiert das Ende am Boden und fügt dann noch eine Komponente hinzu, die das Ganze verstellbar macht. Dabei handelt es sich um einen weiteren Stock (etwa 70 cm lang), der über einige schnabel- oder hakenförmige, nach oben gerichtete Kerben, die meist „Henkelkerben" genannt werden, verfügt. In eine dieser Kerben wird das obere, abgeschrägte Ende des Waugun-Stocks eingehängt. Der kurze, senkrecht nach unten hängende Stock hat eine Gabelung am unteren Ende, die als Haken für den Topfhenkel dient. Je nachdem, in welche der hakenförmigen Kerben der Waugun-Stock eingehängt wird, hängt der senkrechte Stock höher oder tiefer und somit kann die Topfhöhe über dem Feuer variiert werden.

Bei diesem Aufbau sind die Größenverhältnisse wichtig. Der Steher sollte mindestens einen Schritt, aber nicht sehr viel weiter vom Feuer entfernt sein. Wenn eine bestimmte Länge des Waugun-Stocks über die Gabel des Stehers hervorsteht, biegt sich der Waugun-Stock zwischen Halterung und senkrechtem Topfhaken-Stock, wodurch dieser instabiler wird. Wenn der Waugun-Stock insgesamt zu kurz ist, ist sein Winkel zu steil. Er muss schräg verlaufen. Das bringt drei Vorteile mit sich: Erstens ist es so leichter, die schnabelförmigen Henkelkerben des senkrechten Stocks mit dem abgeschrägten Ende des Waugun-Stocks zu verbinden, dessen Oberseite waagerecht oder zumindest fast waagerecht sein sollte. Zweitens kommt umso weniger Hebelwirkung auf das untenliegende Ende des Waugun-Stocks, je weniger die Konstruktion wie eine Wippe funktioniert. Das bedeutet, er lässt sich relativ leicht am Boden halten. Solange der Steher fest ist, kann diese Aufhängung ein bemerkenswertes Gewicht halten. Ein gut konstruierter verstellbarer Waugun-Stock kann problemlos einen 10-Liter-Kessel oder einen gusseisernen, mit Eintopf gefüllten Schmortopf tragen.

1. *Der Grundaufbau ist ein langer Waugun-Stock, der von einem Steher nahe dem Feuer getragen und am anderen Ende unten gehalten wird. Dann wird am oberen Ende ein kürzerer Stock senkrecht eingehängt, der als Topfhaken dient und in verschiedenen Höhen ausgerichtet werden kann.*

2. *Die Größenverhältnisse beachten, insbesondere, wie lang der Waugun-Stock zwischen Boden und Steher ist. Wenn der Stock zu kurz ist, wird der Winkel zu spitz.*

3. *Als Topfhaken dient die Astgabel am Ende des kurzen Stocks.*

4. *Detail: schnabelförmige Henkelkerbe die der Waugun-Stock eingehängt wird.*

5. *Weitere Details der schnabelförmigen Henkelkerben sowie des am Ende abgeschrägten Waugun-Stocks.*

6. *Ein gut konstruierter Waugun-Stock mit verstellbarem Topfhaken-Stock, der bemerkenswert schwere Lasten halten kann, wie diesen gusseisernen Feuertopf.*

7. *Diese Art der Topfaufhängung bietet auch Platz und Struktur, um Töpfe und Besteck ordentlich zu verwahren.*

1

2

3
5b
4
6
5a
7

Schnitzen einer schnabelförmigen Henkelkerbe

Die schnabelförmige Henkelkerbe ist eine Schlüsselkomponente einer verstellbaren Topfaufhängung. Wenn Sie eine ausgefeiltere Kochstelle (wie z. B. auf S. 182 beschrieben) aufbauen, wollen Sie vielleicht auf mehreren Topfhaken-Stöcken mehrere Töpfe in unterschiedlichen Höhen über dem Feuer aufhängen, was durch die Henkelkerben in den Topfhaken-Stöcken ermöglicht wird.

Durch die Kerben im Stock kann dieser leicht gehoben und gesenkt werden, sogar mit daran hängendem Topf. Wenn die Kerbe richtig angefertigt wurde, kann sie relativ schwere Lasten halten und bleibt dabei bemerkenswert stabil.

Für Ihre Topfaufhängung müssen Sie einen Stock mit einer Gabelung am Ende finden, die dann als Haken für den Topfhenkel dient. Halten Sie Ausschau nach einem gerade wachsenden Trieb eines Buschs oder Baums (Hasel, Weide oder Kastanie sind besonders gut geeignet). Der Trieb muss außerdem einen Seitenast, also eine Gabelung haben. Den Haupttrieb oberhalb der Gabelung lang lassen und den Nebentrieb kappen (etwa daumenlang). Den Haupttrieb unterhalb der Gabelung abschneiden. Nun können Sie die schnabelförmigen Henkelkerben zum Einhängen des Waugun-Stocks zur Höhenverstellung einschneiden.

1. *Sie brauchen einen geraden Trieb mit einem Seitenast wie diesen.*

2. *Den Seitenast bei ca. 5 cm kappen.*

3. *Die Topfaufhängung hat nun einen Haken. Es fehlen nur noch ein paar Kerben für die Höhenverstellung.*

1

2

3

Schnitzen der Henkelkerben

Die Kerben sollten auf derselben Seite der Topfaufhängung geschnitzt werden, auf der sich der Haken befindet. Dies sorgt für Balance und Stabilität bei der Topfaufhängung. Passen Sie auf, hier passiert häufig der Fehler, die Kerben auf die andere Seite zu schnitzen. Ein feineres Detail ist, dass Sie versuchen sollten, die Spitzen der Kerben genau zu zentrieren und an der Basis des Hakens, an dem der Topf oder Kessel hängt, auszurichten.

1. *Die Kerbe mit einem X beginnen, das sich in der Mitte einer imaginären vertikalen Linie befindet, die von der Basis des Hakens an der Seite des Stockes verläuft, an der die Kerben sein sollen.*

2. *Der zweite Schnitt komplettiert das X. Sie wirken wie Stoppschnitte.*

3. *Hier ist das X. Es erlaubt eine präzise Ausrichtung der Kerbe.*

1

2

3

4. *Nun beginnen, das Material abzutragen. Anfangs muss dies vorsichtig geschehen, da der Stoppschnitt nicht sehr tief ist. Man riskiert, zu weit zu schneiden, wenn man in diesem Stadium nicht behutsam vorgeht. Beachten Sie die Position des Hakens am unteren Ende der Topfaufhängung und dass Sie von ihm weg schneiden.*

5. *Das Material ist entfernt.*

6. *Nach ein oder zwei Schnitten den Stoppschnitt vertiefen. Nun kann mehr Material mit größerer Sicherheit aus der Kerbe herausgeschnitten werden.*

7. *Das Material nun von der anderen Seite des X aus schneiden. Das Dreieck oben auf dem X sollte intakt bleiben (Merke: Die Hakenoberseite ist unten links auf diesem Foto).*

8. *Den Stoppschnitt auch auf dieser Seite vertiefen.*

9. *Mehr Material entfernen; dabei in den Stoppschnitt und nicht darüber hinaus schneiden.*

10. *Nach dem Schnitt wieder zurückkehren, um die Kanten der Schnitte zu versäubern.*

11. *Durch Abwechseln lässt sich das Material aus der Kerbe abtragen, wobei ein zunehmend ausgeprägter Stoppschnitt den Rand der schnabelförmigen Henkelkerbe bildet.*

12. *Nun zur ersten Seite des X zurückkehren und mehr Material entfernen.*

4

5

6

7
10
8
11
9
12

13. *Darauf achten, den oberen Schnitt zu vertiefen und genau zu arbeiten.*

14. *Sobald die Spitze der Kerbe aufgebaut ist, können Sie beginnen, leicht unter sie hineinzuschneiden.*

15. *Das Material so lange herausschneiden, bis die Kerbe tief genug ist.*

16. *Die Kerbe nimmt ihre Schnabelform an.*

17. *Falls notwendig, mit letzten Handgriffen die Kerbe vertiefen. Daran denken, alles symmetrisch zu halten.*

18. *Den Grat unter dem Schnabel beachten. Ich habe kein Material direkt unter der Spitze der Kerbe abgetragen. Der darunterliegende Schnitt ist hier das Resultat der Überschneidung der beiden unterhalb ausgeführten Schnitte, die sich am Schnabel treffen.*

19. *Seitenansicht der schnabelförmigen Henkelkerbe. Die Wirkung der unter den Stoppschnitten ausgeführten Schnitte ist hier deutlich sichtbar.*

20. *Dieses Foto illustriert, wie wichtig es ist, die Kerben an derselben Seite zu schnitzen, auf der sich der Haken unten an der Aufhängung befindet. So lässt sich die Mitte des Topfes direkt unter der Stelle zentrieren, an welcher der Waugun-Stock in die schnabelförmige Henkelkerbe des Topfhaken-Stocks eingehängt wird.*

14

15

13

16

17
18
19
20

Verstellbarer Waugun-Stock – einige nützliche Varianten

Es gibt einige nützliche Varianten, falls die zuvor beschriebene Grundform einige Probleme aufwirft, etwa wegen der Bodenverhältnisse. Es kann sein, dass es aus verschiedenen Gründen schwierig ist, das tiefe Ende des Stocks am Boden zu befestigen, etwa wegen eines hinderlichen Steins oder einer Baumwurzel oder weil man einfach keinen passenden gegabelten Stock findet. Eine Alternative ist, etwas Schweres auf den Stock zu legen. Eine sinnvolle Option wäre hier, die oberen Äste am jungen Baum zu lassen, der als Waugun-Stock vorgesehen ist und diese auf den Boden zu bringen. Dann einen schweren Gegenstand auf die Äste legen, um alles zu fixieren. Sollte der Steher nicht fest oder stabil genug sein, etwa wegen eines weichen Untergrunds, können Sie zwei gegabelte Stöcke verwenden, wodurch der Gesamteindruck eher einem Dreibein ähnelt.

1. *Das tiefe Ende des hier gezeigten Waugun-Stocks wird von einem großen Baumstamm unten gehalten.*

2. *Die junge Birke, die zu diesem Waugun-Stock umfunktioniert wurde, verfügt immer noch über ihre oberen Äste, die mit einem Baumstamm am Boden gehalten werden.*

3. *Detail am unteren Ende; der Baumstamm liegt auf den Zweigen der jungen Birke, wodurch er zum effektiven und stabilen Anker wird.*

4. *Dieser Waugun-Stock hat zwei Halterungen, die schräg zur Vertikalen aufgestellt sind und viel Stabilität bieten, obwohl sie nicht tief in den Boden gesteckt wurden.*

5. *Das Detail des Kreuzungspunktes, das diese Struktur tatsächlich zum Dreibein macht.*

2

3

4

1

5

Größere Topfaufhängungssysteme

Auch wenn die einfachen und verstellbaren Topfaufhängungen viele Möglichkeiten vor allem für allein Lagernde oder kleine Gruppen gewähren, decken sie nicht alle Situationen ab. Bodenverhältnisse, verfügbare Materialien, die Größe der Gruppe oder ob aufwändig gekocht werden soll sind alles wichtige Faktoren, die ausschlaggebend für ein größeres Topfaufhängungssystem sein können.

Dreibeine

In der Hierarchie der Topfaufhängungen spricht vieles für Dreibeine. Sie sind von Natur aus sehr stabil. Sie sind leicht verstellbar, indem man die Beine einfach weiter nach innen oder nach außen bewegt. Sie können frei stehen, womit sie gut für Steinböden, Schnee, Sand oder Kiesstrände und alle Untergründe geeignet sind, auf denen ein Einschlagen von Stehern nicht sinnvoll oder möglich ist.

Verwendung eines Dreibeins am blanken Felsen – typisch für den Kanadischen Schild.

Auch wenn ich Dreibeine in diesem Abschnitt für größere Topfaufhängungen verorte, denken Sie nicht, dass sie nur für große Töpfe oder riesige Gruppen verwendet werden können. Wenn Sie für einen einfachen Waugun keinen Stock in den Boden bekommen, müssen Sie sich etwas anderes einfallen lassen. Ein kleines Dreibein ist bei harten Böden auch für einen kleinen Topf eine Lösung. Es kann auch sein, dass es dort, wo Sie lagern wollen, keine Erde gibt, oder dass es viel sicherer ist, ein Feuer auf dem blanken Felsen zu entzünden als auf dem dünnen oder leichten Boden zwischen den Nadelbäumen.

Ein kleineres Dreibein zum Kochen eines Essens für zwei, als es keine Stelle gab, in die man aufgrund einer sehr dünnen oder inexistenten Schicht Mutterboden einen Stock hätte hineinstecken können.

Dreibeine haben noch weitere Vorteile, die immer eine Überlegung wert sind. Solange das Dreibein groß genug ist, ist der Zugang zum Feuer von jeder Seite gut. Tatsächlich nimmt das Dreibein nicht so viel Platz rund um das Feuer in Anspruch, da es sich vor allem über dem Feuer befindet. Auch unter einer Zeltplane (auch „Tarp“ genannt) braucht es nicht viel Platz am Boden, während ein langer Waugun-Stock in einigen Lagern im Weg sein kann. Windrichtungen ändern sich – und damit die Richtung des Rauchs und der heißen Luft des Feuers. Von allen Seiten Zugang zum Feuer zu haben, ist hier nützlich, um Hitze, Rauch und Funkenflug beim Kochen aus dem Weg zu gehen. Wie andere Topfaufhängungssysteme bieten Dreibeine auch ein bisschen Platz und Struktur, um rund um das Feuer und die Lagerküche organisiert zu bleiben. Insbesondere die Spitze eines Dreibeins ist ein guter Ort zum Aufhängen von Tassen, Besteck und Feuerschutzhandschuhen.

Nächste Seite: *Nachtlager in der Wildnis an einem Fluss in Ontario, Kanada.*

Dreibeine gewähren von allen Seiten guten Zugang zum Feuer.

Mit Dreibeinen lässt sich eine Kochstelle gestalten, in der es nicht ausschließlich um die Verwendung des Dreibeins geht.

Die Spitze eines Dreibeins ist ein guter Platz zum Aufbewahren kleinerer Gegenstände, die man in der Nähe des Feuers braucht.

Es lohnt sich, zwei separate Bestandteile des Systems als Ganzes zu betrachten: den Aufbau des Dreibeins selbst und die Topfaufhängung bzw. den Topfhaken, der daran hängt. Auch wenn man ein Dreibein aus drei geraden, schnöden Stöcken bauen kann, ist jedes Dreibein statisch sicher, wenn die Stöcke mechanisch mit mehr als nur einer Schnur verbunden sind. Dadurch, dass wenigstens zwei Stöcke durch ineinandergreifende Gabeln oder Seitenäste an Ort und Stelle halten, wird das System viel stabiler. Drei sind noch besser und könnten ausreichen, dass es sich selbst trägt, ohne überhaupt verknotet zu werden.

Idealerweise findet man mindestens zwei Stöcke, die an ihren Gabeln oder Seitenästen miteinander verbunden werden können.

Wenn Sie die drei Stöcke mit Hilfe einer Wicklung verbinden wollen, ist die beste Option eine Wiede (ein verdrehter Zweig, mit dem man flechten und binden kann). Dabei werden passende Zweige wie etwa Weide oder Hasel verdreht und dann mit einem Webeleinstek (Achterschlinge) rund um die drei Stöcke gebunden. Manchmal hat man das Glück, einen kleinen Baum mit geradem Stamm und Seitenzweig für den Topfhaken zu finden, der lang genug ist, um gleichzeitig oben befestigt zu werden und als Topfaufhängung zu dienen. Oben umwickeln, den Webeleinstek binden und dann die Wiede über den Knoten und an der anderen Seite nach unten führen, um alles zusammen zu befestigen. Meistens müssen Sie erst die Stöcke des Dreibeins befestigen und dann die Topfaufhängung (den Topfhaken) separat herstellen. Nach dem Abbinden der Stöcke mit dem Wieden-Webeleinstek können Sie eine beliebige Anzahl an Topfhaken anbringen. Verglichen mit anderen Anwendungsmöglichkeiten unterscheiden sich diese in der Länge.

Dieses Dreibein wurde oben mit Wieden zusammengebunden, dann wurde ein separater (sehr langer) Topfhaken-Stock durch Wiedendrehen oben am Dreibein befestigt, indem eine feste Schlinge gebildet und diese an eines der Beine gehängt wurde.

Ein mit Wieden gebundenes Dreibein im Detail. Ein Topfhaken-Stock mit einer Gabelung am oberen Ende wurde am Dreibein befestigt, indem die zwei Gabeln oben mit Wieden umwunden und dann zusammengewickelt wurden, um eine große, feste Schlaufe zu bilden, die dann von oben vom Dreibein herabhängt. Das mag auf dem Foto etwas chaotisch wirken, hält aber sehr gut und ist komplett aus Weide gefertigt.

Detail der festen Schlinge, die durch Knicken des oberen Bereichs des Stocks für die Topfaufhängung erzeugt wurde, das nach unten gebogene Ende wurde dann mit Rindenstücken am Stock selbst fixiert.

Ein kostenloses Video über die Herstellung von Bindegerten finden Sie unter ***wildernessaxeskills.com/resources***

Dieses System verfügt über ineinander verkeilte Beine. Die Fixierschlinge des Topfhakens wurde über die Enden eines Beinpaares gesteckt, bevor das Dreibein aufgestellt wurde.

Der gekappte Seitenast unten am Topfhaken muss robust genug sein, dass er den schwersten Topf oder Kessel des Lagers auch vollgefüllt tragen kann.

Vielleicht denken Sie, das Problem ist hier die Fähigkeit, Wieden herzustellen. Das ist eine Fähigkeit, die zunächst ein bisschen Übung erfordert, auf die daher nicht alle zurückgreifen können. Selbst wenn man in der Lage ist, Wieden herzustellen, ist man abhängig davon, ob man junge Bäume oder Triebe geeigneter Baumarten, wie etwa Weide oder Hasel, findet. Das ist unwahrscheinlicher als passende Stöcke für die Beine eines Dreibeins zu finden. Bei Kanutrips, von denen ich weiß, dass ich zumindest zeitweise Dreibeine verwende, packe ich eine Kette zu meinen Küchenutensilien. Sie kann sowohl zum Zusammenbinden des Dreibeins als auch zum Aufhängen des Topfs dienen.

Dreibein mit Kettenaufhängung in Verwendung. (Foto von Ray Goodwin)

Die drei Stöcke mit einer Kette zusammenbinden. (Foto von Ray Goodwin)

Der untere Haken ist an einem Ring befestigt, der beweglich an der Kette entlanglaufen kann und nicht fixiert ist. (Foto von Ray Goodwin)

Hier wird die Kette mit einem Haken am losen Ende der Kette in sich selbst gehängt. So kann sie höher oder niedriger gestellt werden, um den Topf zu heben oder zu senken. (Foto von Ray Goodwin)

Ein größerer Aufbau mit Querstreben ermöglicht das Kochen mit mehreren Töpfen über dem Feuer.

Kochstellen mit Querstreben

Es ist möglich, ein großes Dreibein abzuändern, indem man eine Querstrebe zwischen zwei seiner Beine festbindet, um eine Topfhalterung zu bauen, auf die man mehrere Topfhaken-Stöcke hängen kann. Eine noch größere Aufbaumöglichkeit ist, ein Dreibein als Stütze für eine Querstrebe zu verwenden, die ein lang gezogenes Feuer überspannt. Als zweite Stütze kann ein weiteres Dreibein oder auch ein Zweibein dienen. Die Dreibeine in diesen Aufbauten haben keine Topfaufhängungen, die direkt von ihnen herabhängen, aber die bereits besprochenen Bindemöglichkeiten können dennoch angewandt werden. Binden Sie die Querstrebe nicht an das Dreibein oder an dessen Beine, um die fertigen Schlingen oben an den Topfhaken auf die Querstrebe schieben und dort verteilen zu können. Querstreben können auch in Gruppenunterstände eingebaut werden und die Topfhaken können über einem Feuer in der Mitte hängen.

1

Wenn Sie eine Querstrebe haben, ist es möglich, mehrere Töpfe über das Feuer zu hängen – entweder für eine größere Mahlzeit oder für verschiedene Garmethoden, etwa zum Kochen direkt über den Flammen oder zum langsamen Garen eines Bratens oder Köcheln Eintopfes über glühenden Kohlen am anderen Ende des Feuers. Bei den Topfaufhängungen gibt es unterschiedlichste Methoden und Variationen. Einige sind feste Aufhängungen, andere wiederum verstellbar. Hier beschreibe ich einige, die ich am häufigsten verwende.

1. *Mehrere Dutch Ovens hängen an einem einzelnen Querbalken in einer Outdoor-Küche.*

2. *Es gibt viele Methoden, eine Topfaufhängung an einer Querstrebe aufzuhängen.*

3. *Das Dreibein wird mit einer Wiede gebunden und die Querstrebe obenauf gelegt. Sie sollten feste Schlingen auf den Balken schieben können.*

4. *Beachten Sie die asymmetrische Anordnung des Dreibeins: vertikale Beine an der Feuerseite mit einem schrägen Bein an der Außenseite des Aufbaus.*

5. *Der Platz, den das Dreibein bietet, ist gut geeignet, um Töpfe und andere Küchenausrüstung aufzubewahren, da hier niemand geht.*

2

4

3

5

1

2

3

4

Die schnabelförmige Henkelkerbe hat eine Reihe von Einsatzmöglichkeiten in einem größeren Aufbau – sowohl zur Herstellung fester als auch verstellbarer Aufhängungen. Für einen verstellbaren Topfhaken wie schon zuvor beim verstellbaren Waugun-Stock beschrieben und hier auf Bild 1 abgebildet sind mehrere Kerben notwendig. Der Unterschied liegt darin, dass hier beim Dreibein der Topfhaken länger sein muss, um bis zur Querstrebe zu reichen. Ein weiterer Unterschied ist, wie sich die Kerben insgesamt in das größere System einfügen. Hier kann eine Schlinge gebildet werden, die an der Querstrebe angebracht wird und in die Henkelkerbe eingehängt wird. Ein wichtiges Detail ist, dass der obere Teil des Topfhaken-Stocks hinter der Schlinge vorbei, dann nach oben durch sie führen sollte, um dann vorne auf der Strebe anzuliegen und nicht nur unsicher am Schnabel hängen sollte.

Es gibt mehrere Arten, feste Schlingen oben an den Topfhaken-Stöcken für die Verwendung an Querstreben herzustellen, die sich bei Dreibeinen anwenden lassen. Die Methoden, die ich für gewöhnlich heranziehe, beinhalten die Herstellung einer Wiede oder zumindest das Bilden einer Schlinge mit dem oberen Ende eines jungen Bäumchens durch Zurückbiegen und Befestigen am Stock selbst. Baumrindenstreifen (an anderer Stelle entnommen) sind eine nützliche Quelle zum Befestigen. Der Webeleinstek eignet sich gut als Bandschlingknoten unter diesen Bedingungen. Topfhaken mit fester Schlinge können verstellbar werden, indem man sie ineinander hängt: Sie können einen kurzen Haken an der Querstrebe hängen haben und dann einen oder mehrere verschiedene Haken daranhängen, um verschiedene Höhen über dem Feuer zu haben.

1. *Eine verstellbare Topfaufhängung mit schnabelförmigen Kerben, die an einem Querbalken hängt.*

2. *Hier habe ich eine Schlinge aus Paracord verwendet, die weit genug über dem Feuer ist, sodass sie nicht schmilzt. Man könnte auch Naturseil verwenden.*

3. *Hier haben wir ein weggeworfenes Stück Zaundraht für eine Schlinge zum Aufhängen verwendet. Beachten Sie, wie der Stock hinter der Schlinge und vor der Querstrebe entlangführt.*

4. *Die Gabelung eines jungen Baums wurde um sich selbst geschlungen, um eine feste Schlinge zu bilden und dann mit einem Stück Rinde abgebunden.*

5. *Die Schlinge im Detail. Die zur Schlinge geformten Zweige wurden verzwirbelt, um nicht zu verrutschen.*

6. *Ein schneller Webeleinstek, um Enden zu verbinden.*

7. *Feste Schlingen, die für mehr Biegsamkeit verdreht und dann um sich selbst zurückgebogen wurden. Es handelt sich um abgezogene Rindenstreifen von einer anderen Stelle im Lager.*

8. *Beachten Sie beim mittleren Haken die beiden separaten Haken mit fester Schlaufe, die wie Kettenglieder ineinander gehängt sind.*

9. *Dieses Material ist nicht biegsam genug, um sich verdrehen zu lassen, kann aber mit Rinde zusammengebunden werden, um eine feste Schlinge zu erzeugen.*

10. *Achtung: Der Schlinge des Topfhakens hängt nicht direkt an der Wicklung aus Rinde. Die abwärtsgerichtete Kraft zieht die Stöcke auseinander, wodurch waagerecht eine starke Kraft auf die Bindung einwirkt.*

5

8

6

9

7

10

Bänke und Sitzgelegenheiten

Bänke und Stühle sind etwas, an das man in einem semipermanenten Lager denkt, insbesondere wenn man regelmäßig wiederkommt. Wir haben in unseren Lehrcamps meiner Bushcraft-Schule Bänke. Wenn wir nicht dort sind, werden sie auseinandergenommen und gestapelt. Es gibt einige Methoden, wie man Sitzgelegenheiten herstellen kann, bei denen es sich lohnt, sie zu kennen.

Bank aus einem gespaltenen Baumstamm

Diese Bankart ist relativ einfach herzustellen und erfordert kein anderes Werkzeug als eine Axt und eine Bügel- oder Gestellsäge. Bei dieser Konstruktion müssen die Stämme in Längsrichtung gespalten werden. Das wird ab S. 120 behandelt. Wenn der Baumstamm in der Mitte geteilt ist, ist der Rest wirklich sehr einfach.

1. *Mit der Axt die Oberfläche der Spaltung versäubern, damit sie recht eben und glatt wird und Sie sich keine Splitter ins Hinterteil einziehen.*

2. *Mit der Axt zwei Kerben in die runde Seite der Baumstammhälfte hacken, in die die zugesägten Baumstammstücke passen, auf denen die Sitzfläche der Bank liegen wird.*

3. *Im Hintergrund ist hier ein anderes Bankmodell zu sehen. In diesem Beispiel werden zwei Rundhölzer senkrecht aufgestellt und ein Brett darübergelegt. Das wirkt sehr einfach, aber ein ebenes Brett mit parallelen Seiten ist nur mit Axt und Bügelsäge schwer herzustellen. Dieses Brett wurde freihändig mit einer Kettensäge zugeschnitten.*

4. *Beim Hacken der Kerben auf gute Passform achten. Wenn Sie mit der Stabilität der Bank zufrieden sind, ist sie fertig.*

5. *Bänke aus gespaltenen Baumstämmen als Teil eines saisonalen Lagers, das der Autor jedes Jahr nutzt.*

1

2

3

4

5

Bänke und Hocker mit Beinen

Eine weitere Option, die sich ebenfalls gespaltener Baumstämme bedient, ist eine Bank, der Beine hinzugefügt werden, um einen höheren Sitz als auf der Bank aus Stämmen auf zwei Rundhölzern zu gewähren. Sie erfordern präzisere Arbeit und ein Spezialwerkzeug in der Herstellung und sind nicht so robust oder langlebig wie die einfachen Bänke aus gespaltenen Stämmen. Sie bieten den Vorteil, dass man nicht so schnell einen „Banksitzerrücken" bekommt, wie bei einer niedrigen Bank. Eine kleinere Version lässt sich auch als Hocker verwenden. Egal wie groß die Sitzgelegenheit werden soll, Sie brauchen immer einen Handschneckenbohrer. Im Grunde handelt es sich dabei um einen Schneckenbohrer mit einem Rohrstück an der Oberseite, in das man einen Griff einsetzen kann (den Sie selbst aus einem Stück Holz im Wald herstellen). Die Spitzen der Bohrer, die ich verwende, haben kleine selbstschneidende Schraubengewinde, um leichter greifen zu können.

1. *Ein Handschneckenbohrer.*

2. *Das selbstschneidende Schraubengewinde im Detail.*

3. *Verwenden des Handschneckenbohrers zum Bohren eines Lochs beim Bau eines Hockers.*

Um die Beine an Ihren Hocker anzubringen, müssen Sie in den Baumstamm Löcher bohren, in die die Beine gesteckt werden. Sie sollten aus Grünholz oder sehr festen, gelagerten Stöcken bestehen. Sie haben zwei Möglichkeiten, wie Sie die Beine anbringen können. Die erste und naheliegendste ist, ein Loch direkt durch den Sitz zu bohren, ein sich nach oben hin verjüngendes Bein hineinzustecken, und dieses durch Verkeilen von oben zu befestigen. Die zweite Option ist eine sogenannte „blinde Keilverbindung", bei der man die Beinoberseite nicht sieht. Das ist weniger offensichtlich und auch ein bisschen raffinierter.

1

2

3

4

5

Man bohrt ein Loch in die Sitzunterseite, aber nur bis zu einem guten Anschlag mit genug Material über dem Loch. Darauf achten, dass das Bein gut sitzt und nur knapp an die Grenze des Lochs reicht. Dann einen Spalt in das Bein arbeiten, dem ein Keil folgt, der in den Spalt hineingesteckt wird und nur ein wenig über der Beinoberseite hervorlugt. Wenn Sie das Bein nun in das nicht durch den Stamm reichende, also oben geschlossene Loch schieben oder hämmern, wird der Keil vollständig in das Bein getrieben, was es nach außen an die Seiten des Lochs treibt, wodurch das Bein fest sitzt.

4. *Keile oben in die Beine klopfen, die in das durch den gespaltenen Baumstamm gebohrte Loch gesteckt und an diesen angepasst werden. Beachten Sie die Verjüngung des Beins hin zum Baumstamm.*

5. *Fast fertig. Dies wird eine vierbeinige Sitzbank. Sobald die Beine mit Keilen versehen sind, können sie mit der Säge plan mit der Sitzfläche abgeschnitten werden.*

6. *Nachdem das Bein zugespitzt und gespalten wurde, wurde ein Keil hineingesteckt; allerdings ist er zu lang. Das Messer zeigt auf die Stelle, an der er abgesägt werden muss, bevor er in die blinde Keilverbindung eingefügt werden kann.*

7. *Das Bein wird dann in das vorgebohrte, nicht durch den Stamm reichende Loch gehämmert.*

8. *Wenn das Bein angepasst und montiert ist, sieht man dank der blinden Keilverbindung das eingesetzte Bein nicht und hat kein Loch oben an der Sitzfläche.*

6

7

Als kleine Sitzgelegenheit ist ein dreibeiniger Hocker stabiler auf unebenem Boden. Längere Bänke benötigen vier Beine. Achten Sie darauf, dass die Winkel der drei Hockerbeine sich in unterschiedliche Richtungen spreizen.

8

Große Erdanker (Heringe)

Es ist ganz einfach, große Heringe für Zelte, Gruppenunterstände oder Unterschlupfe aus Fallschirmseide selbst zu machen.

Auch wenn es oft reicht, ein Rundholz an einem Ende anzuspitzen und in den Boden zu schlagen, ist manchmal ein bisschen mehr notwendig. Bei größeren Aufbauten braucht man einen Hering, der wirklich fest im Boden hält, sich nicht seitlich verschiebt und mit dem man mit relativ starkem Zug arbeiten kann, der durch die recht spitzwinkelig von den Stangen abgehenden Abspannseile zum Boden hin entsteht. Wenn Sie ein paar Rundholzstücke in Viertel spalten (oder, falls das Holz einen recht großen Durchmesser hat, auch in Achtel), können Sie binnen kürzester Zeit einen ganzen Haufen dieser großen Heringe herstellen. Mathematisch gesehen ist der Querschnitt dieser Teile ein Abschnitt eines Kreises; sie sehen wie Tortenstücke aus. Sie beginnen mit der Kerbe, indem Sie etwa 10 cm von einem Ende entfernt in die spitze Kante des Tortenkeilstücks hacken.

1. *Mit dem gespaltenen Holzstück beginnen und an der spitzen Kante des Keils quer zur Maserung einen Stoppschnitt machen (etwa 10 cm vom oberen Ende des Holstücks entfernt).*

2. *Dann von unten schräg bis zum Stoppschnitt hacken, um genau hier mit der Axt eine halbrunde Kerbe auszuarbeiten.*

3. *Denn Stoppschnitt jedes Mal vertiefen.*

1

2

3

Sie werden sehen, dass der Hering auf der Rückseite ziemlich flach ist. Dies ist die Seite, die dem Aufbau, den Sie abspannen, zugewandt ist. Die Breite der Heringsrückseite verhindert, dass er durch den Untergrund gezogen wird. Die Kerbe trägt dazu bei, das Abspannseil zu halten, unabhängig davon, in welchem Winkel es auf den Hering trifft. Der Hering sollte dennoch schräg zum Abspannseil stehen, da sonst ein fast senkrechter Zug auf den Hering und auf die Oberseite der Kerbe wirkt, der im Extremfall den darüberliegenden Teil des Herings abreißen kann. Das liegt daran, dass alles, was die Dinge an Ort und Stelle hält, der Kleber zwischen den Jahresringen im Hering ist. Durch das Abwinkeln werden diese Kräfte eher quer zur als entlang der Faser verlagert, wodurch das Abspannseil sicherer wird.

4. *Sobald die Kerbe fertig ist, mit dem Schnitzen der Verjüngung auf der gleichen Seite des Herings beginnen, auf der sich die Kerbe befindet.*

5. *Das Werkstück schräger halten, um den Schnittwinkel zu verändern.*

6. *Nun die Seiten mit Ziel auf einen bestimmten Punkt am unteren Ende des Herings etwas schräg zulaufen lassen.*

7. *Die Winkel unten an der Spitze ausarbeiten.*

8. *Den Hering auf die Seite legen und die Axt wie ein schweres Messer verwenden, um die Kanten an der Oberseite abzuschrägen.*

9. *Wenn Sie die Enden der Fasern an der Oberseite des Herings abschneiden, ist es weniger wahrscheinlich, dass er sich spaltet, wenn er in den Boden geschlagen wird.*

4

5

6

7

8

9

Große Planenaufbauten

Größere Planen so aufzubauen, dass sie nicht im Wind flattern oder unter der Last von sich sammelndem Regen verbiegen, ist eine Kunstfertigkeit. Grundsätzlich geht es darum, die Firstschnur und die Spannschnüre fest genug zu verzurren. Überdies muss die Firstschnur hoch genug sein, damit Sie sich unter der Zeltplane nicht völlig gebückt halten müssen. Außerdem müssen Sie die Kanten und Ecken der Plane im geeigneten Winkel und in angemessener Höhe einstellen.

Eine große Zeltplane (Tarp), komplettiert mit einem verstellbaren Waugun-Stock, Bänken aus gespaltenen Baumstämmen und einer ganzen Menge anderer Lagergegenstände.

Die Firstschnur einrichten

Ein paar Bäume mit passenden Abständen zum Aufspannen der Zeltplane suchen. Das Spannsystem unten erfordert etwas mehr Platz als jenes, das nur für das Befestigen der Plane benötigt wird. Beachten Sie, dass das Spannsystem am besten mit statischen Seilen im Gegensatz zu dynamischen (also dehnbaren) Seilen funktioniert.

Beachten Sie, dass ich die Knoten zu Demonstrationszwecken weit unten geknüpft habe, damit sie besser sichtbar und leichter zu fotografieren sind. In Wirklichkeit würde ich beim Aufstellen einer großen Plane, unter der ich aufrecht stehen kann, die Firstschnur so hoch wie möglich binden. Die Wahl des Knotens hängt davon ab, welche Knoten über Kopf gebunden werden können.

1

Damit beginnen, das Seil mit einem Zimmermannsknoten an einen der Bäume zu binden. Das Großartige am Zimmermannsknoten ist, dass er sich immer leicht lösen lässt, sobald diese Spannung gelöst wird – egal wie viel Spannung auf dem Seil war.

1. *Mit einem Zimmermannsknoten beginnen. Das Seil festziehen und prüfen, ob es hält.*

2

Die Firstschnur spannen

Beim Einrichten der Firstschnur für eine kleine oder leichte Plane zum Schlafen – unter der man sich höchstens aufsetzen können muss – wird die Schnur durch Ziehen gespannt, eventuell unter Einsatz von etwas Körpergewicht, bevor sie mit einem Knoten wie dem Topsegelschotstek festgebunden wird.

Bei einer größeren Plane für einen geschützten Gemeinschafts- oder Arbeitsbereich müsste sie höher als kopfhoch gespannt werden und das Seil kann auch schwerer sein. Es kann also schwierig werden, das Seil stark genug nur durch Festziehen zu spannen, zumal auch die Plane wahrscheinlich schwerer ist. Zur Abhilfe lässt sich ein einfaches System einbauen, das Ihnen einen mechanischen Vorteil beim Festziehen des Seils verschafft: ein Flaschenzugsystem.

3

Sie brauchen ein System, das sich, selbst wenn es zuvor unter großer Spannung stand, leicht aufknoten lässt, bei dem nicht das gesamte freie Seil durch den Befestigungspunkt gezogen werden muss und bei dem das Seil nicht durch Reibung beschädigt wird. Mit einem Fuhrmannsknoten (Abspannknoten) beginnen, dann einen Karabiner einhängen.

2. *Sie können hier den Fuhrmannsknoten (Abspannknoten) für eine Schlinge verwenden, an der man ziehen kann.*

3. *Um Reibung an der Schlinge zu vermeiden, einen Karabiner einsetzen.*

4. *Den Karabiner in die feste Schlinge einklinken. Das lose Ende des Seils nehmen und in den Karabiner einklinken. Der andere Vorteil hier ist, dass Sie nicht das gesamte Seil durch den Karabiner ziehen müssen, da es keine feste Schlinge ist.*

5. *Den Karabiner zuschrauben.*

6. *Sie haben nun ein Spannsystem mit einem mechanischen Vorteil von 3:1.*

7. *Das gesamte Spannsystem.*

Es gibt ein potenzielles Problem zu erwähnen: Der Fuhrmannsknoten und andere Knoten dieser Art, wie etwa auch der Trompetenknoten, werden unter starker Spannung instabil. Besonders die Schlinge, die entsteht, wenn man das Seil wie einen Schlüssel dreht, und die über die Bucht* geführt wird, kann sich verdrehen, die Bucht lösen und das System zum Zusammenbruch bringen.

* Eine Bucht ist eine Schlinge, wenn die beiden Seilenden einander nicht überschneiden. Überschneiden sie einander, spricht man vom Auge.

5

6

4

7

Dieser Zusammenbruch lässt sich jedoch wie folgt vermeiden:

8. *Einen horizontalen Fuhrmannsknoten (Abspannknoten) wie zuvor binden. Nun einen Stock durch die Bucht über der Schlinge (dem Auge), führen.*

9. *Die Bucht oder das Auge (oder beide) so zusammenziehen, dass der Stock vom Seil gehalten wird.*

10. *Nun können Sie so fest ziehen, wie Sie wollen, und der Trompetenknoten wird sich nicht lösen.*

Sobald das Seil genug Spannung hat, muss das lose Ende verknotet werden, um alles an Ort und Stelle zu fixieren. Dies kann durch Binden um den Baum, den Sie für das eine Ende beim Spannen der Firstschnur verwendet haben, und Knoten einiger Webeleinsteke geschehen. Bedenken Sie jedoch, dass Sie dieses System meistens über Kopf knoten müssen, damit unter der Plane genug Platz ist. Um weiter unten abspannen zu können, müssen Sie einen anderen Baum finden, der weiter weg von den Stehern ist, zwischen denen Ihre Firstschnur gespannt ist. Das Seil dann an diesem dritten Baum in der gewünschten Höhe anbinden.

11. *Das Seil wie gewünscht am dritten Baum nach unten führen. Mit ein paar Webeleinsteken befestigen.*

1

2

3

Die Spannschnüre einrichten

Wenn Sie die Spannschnüre an den Ecken der Plane befestigt haben, müssen Sie diese in der gewünschten Höhe einrichten, bevor die Spannschnüre abgespannt werden können. Am einfachsten geschieht dies mit Stangen an den Ecken der Plane.

Der zweite Vorteil der Verwendung von Stangen ist, dass der Winkel der Spannschnur zum Boden spitzer sein kann als der Winkel der Plane. So können Sie die Spannschnur dort am Boden anbringen, wo es am angenehmsten ist.

Bei einer großen rechteckigen Plane kann es schwierig sein, die Spannschnüre stark genug zu spannen, um die Plane so stramm zu ziehen, dass sich kein Wasser darauf ansammelt, wenn es regnet. Die Lösung ist das Absenken einer Ecke der Plane – die Linie der Planenkante zwischen zwei Ecken muss nicht waagrecht sein. Wenn eine der Ecken niedriger ist, rinnt das Wasser dorthin und tropft ab. Auch unter der Plane verliert man dadurch nicht viel Breite. Werden gegenüberliegende Seiten abgesenkt, endet das nicht in einem schmalen und einem breiten Ende. Die Hauptsache, die man bedenken sollte, ist, wohin man das Wasser lenken möchte. Wenn es an einer Ecke abrinnt und dann zurück unter die Plane, ist das vielleicht nicht die beste Ecke zum Absenken, insbesondere wenn das Feuer in der Nähe der Stelle ist, an der das Wasser zusammenlaufen könnte. Eine zweitrangige Überlegung ist, wo die Plane (z. B. für den Eingang) etwas höher sein sollte und wo es nichts ausmacht, wenn sie etwas niedriger wird.

1. *Die Spannschnur um die Stange und zurück über sich selbst führen, um einen Halbmastwurf zu binden. (Foto von Amanda Quaine)*

2. *Für ein Maximum an Stabilität die Stange direkt an die Ecke der Plane bringen. Beachten Sie, dass die Spannschnur in der Mitte des Winkels zwischen den beiden Rändern der Plane zieht und so eine gleichmäßige Spannung über die gesamte Plane erzeugt. (Foto von Amanda Quaine)*

3. *Auf jeder Seite eine Ecke tiefer abzusenken als die andere fördert, dass das Wasser eher an einer Ecke herunterläuft, anstatt sich auf der Plane zu sammeln.*

Der verstellbare Spannschnurknoten

1. *Wenn der Hering in den Boden geschlagen ist, die Spannschnur um den Hering legen und zurück zum Stab und zur Plane führen. Mit genug Schnur zwischen Ihrer Hand und der Ecke der Plane zum Spannen des Knotens, den Sie binden wollen, die lose Part (das lose Ende) erst über und dann unter die stehende Part und zurück in den Raum führen, den Sie gerade zwischen loser und stehender Part eröffnet haben. (Foto von Amanda Quaine)*

2. *Die lose Part ein zweites Mal um die stehende Part schlingen, dann zurück zum Hering arbeiten. (Foto von Amanda Quaine)*

3. *Eine dritte Wicklung ausführen, dieses Mal jedoch um beide Schnurstücke, die von beiden Seiten des Herings kommen, und weiterhin die Schnur hinunter in Richtung Hering arbeiten. (Foto von Amanda Quaine)*

4. *Eine Bucht durch diesen letzten Törn ziehen (wie zum Fertigstellen einer Schlinge beim Schuhezubinden). (Foto von Amanda Quaine)*

5. *Festziehen und schon haben Sie einen schönen verstellbaren Spannschnurknoten wie gezeigt. Das Durchziehen der Bucht hat zu einer schnell lösbaren Schlinge geführt, die gute Dienste leistet, wenn das Lager schnell und effizient abgebaut werden muss. Dieser Knoten kann nun auf der stehenden Part zwischen Stange und Hering hoch- und hinuntergeschoben werden, um die Spannung der Spannschnur einzustellen und eine optimal gespannte Plane zu erhalten. (Foto von Amanda Quaine)*

Mit einem soliden Verständnis für die Spannung der Firstschnur, dem Befestigen der Spannschnüre in der korrekten Höhe und im korrekten Winkel und der Anpassung der Spannung der Plane sollten Sie in der Lage sein, einen robusten und zuverlässigen Gemeinschaftsraum aufzubauen, wo auch immer Ihre Reisen Sie hinführen mögen.

1

2

3

5

4

Nächste Seite: *Dies ist eine quadratische Plane mit Aufhängung in der Mitte, die bei einer Kanu-Expedition in Manitoba (Kanada) verwendet wurde, aber die Prinzipien des Spannens von Firstschnur und Spannschnüren waren genau dieselben wie oben beschrieben.*

Der Schotstek

Der Schotstek ist ein sehr nützlicher Knoten; schnell und einfach zu binden, aber er hält gut. Zum Verbinden von zwei Seilen gleicher Dicke ist er sicherer als der Kreuzknoten. In doppelter Form erzeugt er eine sichere Verbindung zweier Leinen ungleicher Dicke. Beide, der einfache und der doppelte Schotstek sind nützlich zum Befestigen von Leinen an geschlossene Schlingen aus Schnur oder Band, wie sie an den Ecken einiger Planen zu finden sind.

Anwendung im Camp – Doppelter Schotstek mit schneller Lösungsmöglichkeit

Der Schotstek wurde ursprünglich verwendet, um eine Leine an einem Segel zu befestigen. Er ist ebenso gut geeignet, um eine Leine an einer Plane anzubringen, die auch in der Brise flattern oder im Wind unter Spannung stehen kann.

An vielen Planen sind in den Ecken Schlingen angebracht und ein Schotstek ist gut zum Anbringen an eine feste Schlinge geeignet. Da die beiden Teile, die zusammengefügt werden sollen, ungleiche Durchmesser haben, ist es besser, hier einen doppelten Schotstek zu verwenden. Außerdem möchte ich die Spannschnüre schnell von der großen Plane entfernen können, wenn ich die Zelte abbreche, darum füge ich jedem doppelten Schotstek eine schnelle Lösungsmöglichkeit hinzu. Das geht so:

1. *Die Spannschnur durch die an der Plane befestigte Bandschlinge nach oben führen.*

2. *Die Leine um die Rückseite des Auges und unter sich selbst führen (dadurch ist ein einfacher Schotstek entstanden).*

3. *Die lose Part der Schnur ein zweites Mal um die Rückseite der Schlinge legen.*

1

2

3

4. *Nachdem die Schnur ein zweites Mal rundherum geführt wurde, statt die lose Part darunter zu führen, eine Bucht darunter führen, um eine schnelle Lösungsmöglichkeit herzustellen. Ist dies erledigt, alles festziehen, indem die stehende Part der Spannschnur und die Schlinge des Bandes in entgegengesetzte Richtungen gezogen werden.*

5. *Der fertige doppelte Schotstek mit schneller Lösungsmöglichkeit bindet die Spannschnur sicher an die feste Schlinge aus Band an der Plane. Er löst sich sogar an den windigsten Tagen nicht von selbst, lässt sich aber leicht mit einem Ruck an der Löseleine lösen.*

4

5

Der Webeleinstek

Auch wenn er ein ganz anderes Erscheinungsbild als ein Rundtörn mit zwei halben Schlägen hat, beinhaltet der Webeleinstek auch zwei halbe Schläge. Neben der Befestigung einer Schnur an einer Stange oder einem Ring (oder einem Karabiner) kann dieser optisch ansprechende Knoten auch als Bindeknoten verwendet werden, um zum Beispiel das Ende eines gespaltenen Stabes, mit dem ein Brathähnchen über einem Lagerfeuer gehalten wird, zusammenzubinden.

Er ist einer der am häufigsten gebundenen Knoten und gehört zu denen, die Sie definitiv in Ihrem Repertoire haben sollten. Es gibt zwei grundlegende Möglichkeiten, ihn zu binden, je nachdem, ob das Ende dessen, worum Sie den Webeleinstek binden, erreichbar ist oder nicht. Umgekehrt können Sie die eine oder die andere Methode verwenden, um den Webeleinstek um eine Spitze zu binden, je nachdem, ob das Ende des Seils erreichbar ist oder nicht.

Methode 1 – in einer Bucht geknoteter Webeleinstek

Diese Methode ist gut, wenn Sie Zugang zum Ende dessen haben, was Sie anbinden wollen. Sie sollten auch beachten, dass hier das Ende des Seils nicht frei liegen muss.

1. *Die Leine mit beiden Händen halten.*

2. *In einem Törn überkreuzen, indem eine Part über die andere gelegt wird.*

3. *Noch ein ähnliches Stück Leine wie zuvor greifen.*

4. *Wieder auf dieselbe Weise überkreuzen, um ein zweites Auge zu erhalten. Die daraus resultierenden Augen sehen aus wie Mausohren.*

5. *Das zweite Auge hinter das erste legen.*

6. *Die Augen übereinanderlegen.*

1
2
3
4
5
6

7. *Die Augen über das Ende der Verankerung schieben.*

8. *Solange sie noch locker sind, die Augen dorthin schieben, wo Sie den Webeleinstek brauchen.*

9. *An jedem Ende ziehen, um den Webeleinstek an seinem Anker festzuziehen.*

7

8

9

Methode 2 – Webeleinstek, mit dem losen Ende gebunden.

Diese Methode funktioniert gut, wenn Sie Zugang zur losen Part des Seils haben und wenn Sie nicht an das Ende der Verankerung herankommen (oder Sie ihn in einen geschlossenen Ring knoten).

1. *Das lose Ende des Seils über den Anker legen.*

2. *Das lose Ende weiter um die Rückseite des Ankers führen.*

3. *Das lose Ende wieder nach vorne bringen und über die stehende Part kreuzen lassen, weiter um die Rückseite legen.*

4. *Das lose Ende erneut nach vorne bringen, dabei die Überkreuzung an der Vorderseite beibehalten.*

5. *Das lose Ende unter die stehende Part schieben (und dabei effektiv den zweiten halben Schlag um den Anker knoten).*

6. *Das lose Ende nach oben und die stehende Part nach unten ziehen, um den Webeleinstek festzuziehen und fertigzustellen.*

1
2
3
4
5
6
EDELRID

Der Halbmastwurf

Der Halbmastwurf lässt sich als „schlecht geknoteter Webeleinstek" beschreiben. Das ist zwar ein bisschen unfair, da es seinen Nutzen herabsetzt, aber tatsächlich unterscheidet er sich vom Webeleinstek nur darin, wie er gebunden wird – ein Mysterium für Uneingeweihte!

Um einen Halbmastwurf zu knoten, machen Sie Ihre zwei Mausohren wie zum Knüpfen eines in Buchten gelegten Webeleinsteks. Dann, anstatt die zweite Schlinge hinter die erste zu legen (was zum Webeleinstek führen würde), falten Sie die beiden Schlingen zueinander, als würden Sie ein Buch schließen. Die Schlingen über eine Spitze oder auf einen Karabiner zu legen, erzeugt den Halbmastwurf.

Im Gegensatz zum Webeleinstek, der das Seil an Ort und Stelle fixiert, kann das Seil sich beim Halbmastwurf bewegen. Der Knoten erzeugt allerdings ziemlich viel Reibung. Tatsächlich ist der Halbmastwurf ein Beispiel für einen Klemmknoten (im Englischen „friction hitch", wortwörtlich „Reibungsknoten"). Er kann verwendet werden, um Lasten kontrolliert abzusenken oder nach oben zu heben. Der Halbmastwurf ist insofern praktisch, als dass er sich an einem Karabiner von selbst umkehrt, je nachdem, an welchem Ende des Seils man zieht.

Anwendung im Camp – Halbmastwurf zum Halten der Stange einer Plane

Dies ist eine ungewöhnliche Anwendung des Halbmastwurfs, die ich allerdings regelmäßig verwende. Tatsächlich ist er hier sogar dem Webeleinstek vorzuziehen.

1. *Eine Stange an der Ecke der Plane platzieren und diese auf die Höhe bringen, auf der diese Ecke sein soll.*

2. *Die Spannschnur um die Stange und dann zurück über sich selbst führen.*

3. *Die Spannschnur weiter zurück hinter die Plane führen. Das Ergebnis ist ein Halbmastwurf rund um die Stange.*

Der daraus resultierende Halbmastwurf hält die Stange an ihrem Platz, sofern die Spannschnur gespannt ist. Die Stange kann auch an eine neue Position an der Spannschnur bewegt werden, wenn die Spannung ein wenig gelöst wird. Wenn die Spannschnur am Hering oder einem anderen festen Punkt gelöst wird, fällt der Halbmastwurf auseinander – ohne umständliches Knotenlösen.

1

2

3

Der Konstriktorknoten (Würgeknoten)

Wenn der Halbmastwurf ein falsch geknüpfter Webeleinstek ist, dann ist der Konstriktorknoten oder Würgeknoten ein Webeleinstek mit einem kleinen Extra. Diese Knoten sind natürlich alle eng miteinander verwandt Das Interessante daran ist, wie kleine Veränderungen einen anderen Knoten mit einer anderen Funktion hervorbringen können.

1. *Mit einem Webeleinstek beginnen, diesen aber nur lose knoten.*
2. *Die lose Part nehmen und über die erste Schlinge des Webeleinsteks legen.*
3. *Dann die lose Part unter die Schlinge und zurück in die Knotenmitte führen.*
4. *Nun sollten Sie die markante Form des Knotens vor sich haben, also einen Konstriktorknoten.*
5. *An der losen Part ziehen, um den Knoten an sich selbst festzuziehen.*

Der Konstriktorknoten ist ein ästhetisch ansprechender Knoten. Er sieht ordentlich aus, er klemmt an sich selbst und es ist schwer, ihn zu lösen. Knoten Sie sich einen um Ihren Finger und Sie werden sehen, warum er auch „Würgeknoten“ heißt.

1

2

3

4

5